사격의 과학

사격의 과학

SCIENCE OF SNIPING

표적을 정확하게 맞히는 사격 메커니즘 해설

가노 요시노리 **지음** | 신찬 **옮김**

보누스

정밀한 저격을 완성하는
방법과 노하우

이 책을 읽는 여러분이 '군대나 경찰의 저격수(스나이퍼)' 혹은 '솜씨 좋은 사냥꾼'이 됐다고 생각해 봅시다. 부여받은 임무에 성공하려면 여러분은 무엇을 배우고 연습하며, 어떻게 실천해야 할까요. 빼어난 스나이퍼나 사냥꾼이 되려면 익혀야 할 것이 많습니다. 어떤 총과 탄약을 선택해야 하는지, 스코프는 무엇을 선택해서 어떻게 장착해야 하는지, 또 조절법과 사격을 어떻게 연습해야 하는지 등을 익혀야 합니다. 너무 많다는 걱정이 듭니까. 걱정하지 말길 바랍니다. 이 책에서 원거리 표적을 명중시킬 수 있는 노하우를 알려드리겠습니다.

앞서 여러분이 저격병이나 애니메이션 〈고르고 13〉에 등장하는 듀크 토고와 같은 암살자, 아니면 경찰의 저격 대원, 혹은 지금까지 아무도 잡지 못한 대물을 잡으러 나서는 사냥꾼이라고 가정해 보자고 했습니다.

이때 '적당히 사 온 스코프를 아무 생각 없이 총에 달고, 탄약을 넣은 후에 표적을 겨냥해 쏜다면' 과연 표적을 제대로 명중시킬 수 있을까요? 역시 앞서 말한 대로 유능한 저격수나 사냥꾼이 되려면 미리미리 익혀두어야 할 사항이 많습니다. 준비 없이는 무엇도 할 수 없는 법입니다.

필자가 처음 소총에 스코프를 장착하고 사격했을 때는 표적조차 맞힐 수 없었습니다. 표적의 우측 상단, 좌측 상단, 우측 하단, 좌측 하단으로 조준점을 바꿔서 쏴봤는데도 안 됐습니다. 당연합니다. 사격 전에 먼저 총강을 통해 표적을 조준하는 보어 사이팅(bore sighting. 총강 조준)을 해서 탄환이 표적지에 들어갈 정도로 스코프를 조절해 두지 않았기 때문입니다.

100m에서 시험 발사했다고 합시다. 3~5발 쏘고 탄흔이 일정한 원 안에 들어갔는지 살펴야 합니다. 이를 그루핑(grouping)이라고 하는데 '지름 10cm' 남짓 그루핑이 형성됐다면 '멧돼지 몰이사냥 정도는 할 수 있다'고 판단할 수 있지만, 아주 정확도가 높은 총이라고는 할 수 없습니다. 스나이퍼 라이플(sniper rifle)로 부를 수 있으려면 그루핑이 지름 3cm 이하여야 합니다. 유명 제조사의 값비싼 총과 스코프를 사용하고도 100m 거리에서 그루핑이 3cm보다 크면 뭔가가 잘못됐다는 의미입니다. '스코프의 장착 나사가 풀려 있거나', '기관부를 총상에 장착하는 나사가 느슨하다거나', '기관부와 총상의 접촉면에 덜컹거림이 있을지도' 모릅니다.

그럼 이런 부분들을 모두 잘 조절해서 이번에는 지름 3cm 수준의 그루핑을 만들었다고 합시다. 그런데 당신 옆자리의 사수는 지름 2cm의 그루핑을 형성했습니다. 이번에는 뭐가 문제일까요? 당신의 실력이 부족해서일까요? 옆 사수의 총에는 당신의 총보다 정확도가 높은 총신이 달려서일까요? 옆 사수는 어쩌면 핸드 로드(hand load)한 탄약을 사용하는지도 모릅니다. 핸드 로드란 공장에서 양산된 탄약이 아니라 직접 탄피에 화약, 뇌관, 탄환을 장착해서 탄약을 조립하는 것을 말합니다. 핸드 로드로 정밀하게 완성한 탄약을 전용으로 사용하는 것은 사격경기 선수나 솜씨 좋은 사냥꾼에게는 상식입니다. 총의 정밀도가 같다면 핸드 로드에서 실력 차이가 갈립니다. 그렇다면 자신의 총에 딱 맞는 탄약을 핸드 로드하는 노하우는 무엇일까요?

당신 총이 300m 거리에서 표적의 중심에 명중한다고 합시다. 그런데 당신이 쏴야 할 표적은 500m 거리에 있습니다. 경계가 삼엄해서 300m 거리까지는 다가갈 수 없는 상황입니다. 그렇다면 얼마나 위를 노려야 명중할 수 있을까요?

무사히 임무를 마치고 돌아온 후에는 총을 손질해야 합니다. 그런데 꽂을대는 총구 쪽으로 넣으면 안 됩니다. 총의 정밀도를 떨어뜨리기 때문입니다. 그렇다면 총의 올바른 손질 방법은 무엇일까요? 이렇듯 사격 솜씨를 기르려면 많은 문제를 마주하고 이를 해결해야 합니다. 자, 이제 이런 문제를 어떻게 하면 해결할 수 있을지 공부해 봅시다.

　이 책은 본격적인 소총수의 지식을 전수합니다. 소총수로서 정신 무장을 한다는 의미에서 미국 해병대가 암송하는 '소총수의 신조'를 소개하겠습니다. 다른 나라 군대에도 이런 신조가 있으면 좋겠지만 없는 듯합니다. 해병대원이 아니더라도 이 신조에 담긴 정신은 소총수의 모범이라 할 수 있습니다. 각자 자신의 상황에 맞게 나름대로 재해석해도 괜찮으니 총을 안고 이 맹세를 암송해 봅시다.

미 해병대 '소총수의 신조'

이것은 내 총이다.
이것과 비슷한 것은 많지만 이것이야말로 내 총이다.
내 총은 최고의 친구다. 총은 내 목숨이다.
내가 내 삶의 주인이듯 내 총의 주인이 될 것이다.
내가 없는 내 총은 무용지물이고, 내 총 없이는 나도 무용지물이다.

나는 내 총을 정확히 쏴야 한다.
나를 죽이려는 적보다 정확히 쏴야 한다.
적이 나를 쏘기 전에 내가 먼저 적을 쏴야 한다.

나는 바란다.
내 총은 나와 마찬가지로 사람이다. 왜냐하면 내 목숨이기 때문이다.
그러므로 나는 형제로 생각하고 배우겠다.
나는 부속품을 숙지하고 조준기, 총신을 숙지하겠다.
나를 청결하고 준비된 상태로 유지하듯 내 총을 청결하고 준비된 상태로 유지하겠다.
우리는 서로의 분신이 되겠다.

우리는 바란다.

우리는 신 앞에서 이 믿음을 맹세한다.

나와 내 총은 국가의 수호자다.

우리는 적을 제압할 것이다. 우리는 내 생명을 구할 것이다.

반드시 그리되리라. 미국이 승리하고 적이 없는 평화가 있으리라.

아멘.

U.S. Marine Corps 〈Rifleman's Creed〉

This is my rifle.

There are many like it, but this one is mine.

My rifle is my best friend. It is my life.

I must master it as I must master my life.

My rifle, without me, is useless. Without my rifle, I am useless.

I must fire my rifle true.

I must shoot straighter than my enemy who is trying to kill me.

I must shoot him before he shoots me.

I will.

My rifle is human, even as I am, because it is my life.

Thus I will learn it as a brother.

I will learn accessories, its sights, its barrel.

I will keep my rifle clean and ready, even as I am clean ready.

We will become part of each other.

We will.

Before God swear this creed.

My rifle and myself are defenders of my country.

We are the masters of our enemy. We are the saviors of my life.

So be it. Until victory is America's and there is no enemy but peace.

Amen.

3장 조준기

4장 스코프 장착과 영점조준

사격술

6장 핸드 로드

 ## 7장 총 손질하기

 ## 8장 야전 매뉴얼

9장 탄약의 종류 알기

총의 선택

저격에 사용하는 총 종류는 군용과 경기용 등 목적에 따라 다양하다. 여기서는 각종 저격에 알맞은 총과 탄환에 대해 알아보고 신뢰성 높은 총이란 무엇인지 설명한다.

1-01 바민트 사냥
굴토끼, 프레리도그 등을 잡을 때

바민트(varmint)란 여우, 굴토끼, 프레리도그, 우드척 등과 같이 사람과 가축에 해로운 소형 동물을 말한다. 일반적인 산토끼는 구멍을 파지 않지만, 굴토끼나 프레리도그는 땅속에 굴을 파고 산다. 특히 목장 주변에 이들이 서식하면 가축이 그 굴을 밟고 넘어져 골절을 당하는 사고가 빈번히 일어나고, 가축이 먹어야 할 목초를 축낸다. 우드척이나 산토끼는 목초뿐만 아니라 정원에서 키우는 식물까지 먹어 치우기 때문에 정원 가꾸기를 즐기는 사람에게는 최대의 적이다. 또한 여우는 닭이나 집오리를 공격하기도 한다.

바민트와 같은 소형 동물을 총으로 잡을 때는 근접 사격이 아니면 명중시키기 쉽지 않다. 그런데 명중시킬 수 있는 거리까지 접근하면 어느새 눈치를 채고 재빨리 굴속으로 도망치기 일쑤다.

그래서 이런 동물이 눈치채지 못할 정도로 먼 거리에서도 소형 표적을 노릴 수 있는 명중률 높은 소총을 사용하는데 그런 총을 바민트 라이플 (varmint rifle) 또는 바민터(varminter)라고 부른다.

사냥 방식은 마치 오락실에서 볼 수 있는 '두더지 잡기 게임'과 비슷한 느낌인데, 다만 넓은 목장에서 언제 나타날지 모르는 사냥감을 방심하지 않고 장시간 감시해야 하는 어려움이 있다.

일반적인 수렵용 소총처럼 들고 다니며 사냥감을 추적하는 경우는 없다. 따라서 이동이 불편할 정도로 총이 무거워도 상관없으며 곰 사냥이 목적이 아니므로 큰 위력이 필요하지도 않다. 다만 첫 발에 놓치면 이미 표적은 그곳에 없으므로 명중률이 뛰어난 볼트 액션 방식을 사용한다. 바민트 라이플은 그야말로 바민트 제거 전용 저격총인 셈이다.

프레리도그. 귀엽지만 사람에게 해로운 동물이다.

여우처럼 인간과 가축에 해를 끼치는 소형 동물을 바민트라고 한다.

경찰용 저격총
인질범을 저격할 때

군대 저격병은 500m, 700m 때로는 1,000m가 넘는 거리에서도 사격하지만, 경찰이 원거리 사격을 하는 경우는 거의 없다. 기껏해야 100m 정도다. 대신에 표적이 작다. 예를 들어 인질을 방패로 삼아 얼굴이 반밖에 보이지 않는 범인의 머리를 정확히 맞혀 사살해야 한다. 이때 허용 오차는 2cm 정도일 것이다.

근거리 정밀사격에 7.62mm 탄(308 윈체스터)은 필요하지 않다. 오히려 5.56mm(223 레밍턴)와 같은 소형탄을 사용해야 반동이 약해서 명중 정밀도가 높다.

다소 반동이 강해도 올바른 사격 자세를 취하면 명중시킬 수 있지만, 실전에서는 사격장처럼 지면이 반드시 평평하다고 할 수 없고, 표적이 사수와 같은 수평선상에 위치한다고도 할 수 없다. 이래서는 사격 자세도 사격장에서 연습할 때와는 미묘하게 다를 수밖에 없다. 아무리 바른 자세를 취해도 반동이 강하면 착탄점의 변화가 커진다. 그래서 될수록 반동이 약한 탄환을 사용해야 한다.

이런 의미에서 경찰용 저격총은 바민트 라이플이 매우 적합하다. 다만 여객기 조종석에 있는 납치범을 사살해야 하는 상황이면 조종석 유리창 너머에서 표적을 맞혀야 한다. 비스듬한 유리를 쏘면 탄도가 변할 우려가 있다. 이를 최소화하려면 아무래도 무거운 탄환이 적합하다. 또한 거리도 100m 이상일 가능성이 큰 만큼 여객기의 조종석 유리창을 뚫을 수 있을 정도로 위력이 충분해야 한다. 이런 임무를 해결해야 한다면 경찰용이라고 해도 7.62mm급이 필요하다.

경찰의 저격은 100m 거리에서 오차 범위 2cm가량의 정밀도가 요구된다.

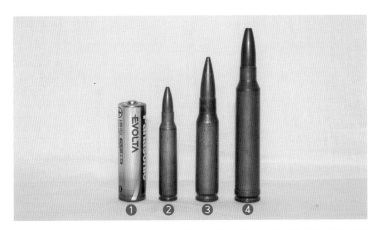

맨 왼쪽은 AA건전지(①). 100m 거리 이내에서 머리를 노려야 한다면 위력이 약해도 정밀도가 높은 5.56mm(②) 정도가 좋다. 300m 이상의 거리면 7.62mm 308 윈체스터(③)가 바람직하다. 1,000m가 넘는 거리면 7.62mm 300 윈체스터 매그넘(④) 정도는 필요하다.

1-03 자동총과 볼트 액션 총

일반적으로 저격총은 볼트 액션 방식

보통 볼트 액션 총이 자동총보다 명중률이 높다. 물론 명중 정밀도가 낮은 볼트 액션 총도 있고, 명중 정밀도가 높은 자동총도 있다. 하지만 같은 무게와 금액이라면 자동총보다 볼트 액션 총을 선택해야 명중 정밀도가 높은 총을 만들 수 있다.

왜냐하면 자동총보다 볼트 액션 총이 구조가 간단하기 때문이다. 당연히 같은 비용을 들여 만든다면 볼트 액션 총을 더 정밀하게 가공할 수 있다. 또한 구조가 간단한 만큼 같은 무게라면 볼트 액션 총에 더 두껍고 굵은 총신을 장착할 수 있다.

자동총은 방아쇠를 당기고 나서 탄환이 총신을 떠날 때까지 내부에서 작동하는 부품이 많아 총에 미묘한 움직임을 가한다. 이런 이유로 같은 조건에서 정밀도를 추구한다면 결과적으로 자동총이 볼트 액션 총보다 명중 정밀도가 높을 가능성은 희박하다.

일반적으로 저격총은 단 한 발로 승부를 내야 하는 상황에서 사용한다. 볼트 액션 방식이라면 저렴하게 저격총을 만들 수 있는데, 과연 몇 배의 비용을 들여 자동 저격총을 사용할 필요가 있을까 하는 의문도 생긴다.

다만 적이 자동총(돌격소총)을 가지고 있다면 어떨까? 수백 미터 떨어져서 교전하는 상황이라면 볼트 액션 저격총이 유리하지만, 근거리에서 적과 마주친다면 볼트 액션이 결정적으로 불리하다. 그렇기에 정확도가 다소 떨어지더라도 자동 저격총을 사용하기도 한다. 예를 들어 '저격수와 함께 작전을 수행하는 관측병이 돌격소총을 소지하고 저격수를 엄호'하거나 '저격수가 저격총 이외에 돌격소총을 추가 소지'하는 경우가 있다. 즉 장비 선택은 수행해야 할 임무에 따라 달라진다.

예전 미군은 M14 자동소총 중에서 품질 좋은 총을 골라 저격총으로 활용했다.
(사진:미국 육군)

현재 미군은 M14 자동소총의 정밀도에 만족하지 않고 볼트 액션 방식인 M24
(사진)나 M40을 사용한다. (사진:미국 육군)

1-04 자동식 분대 저격총의 의의
두 번째 사격이 필요한 상황에서 유용하다

독일의 대테러 특수부대는 자동총인 H&K의 PSG-1 저격총(7.62mm)을 장비한다. 볼트 액션 저격총보다 몇 배나 비쌀 뿐만 아니라 무게도 약 8kg이나 돼서 휴대하기 불편하다. 왜 군이 이런 총을 사용할까? 범인이 인질을 잡고 있는 상황이라면 당연히 한 발에 저격해야 하지만 만약 한 발로 제압하지 못하면 바로 두 번째 사격으로 범인을 쓰러트려야 하기 때문이다.

그럼 군대 저격병이라면 어떨까? 800m 떨어진 적을 저격할 때, 만약 한 방에 명중시키지 못할 경우에 두 번째 사격으로 성공할 가능성이 얼마나 될까? 800m라면 다시 겨냥하고 방아쇠를 당겨 탄환이 적에게 도착하기까지 1.6초가 걸린다. 이 정도 시간이면 적은 이미 사라지고 없다. 그런데 이처럼 한 방에 적을 제압하지 못했을 때를 가정해야 한다면 자동총을 사용하기보다는 차라리 저격병을 두 명 배치하는 편이 현명하다.

러시아군은 자동총인 드라구노프(Dragunov) 저격총을 사용한다. 이는 명중 정밀도가 낮은 AK 돌격소총을 소지한 병사를 지원하는 것이 목적이며 표적은 적의 일반 보병이다. 그래서 드라구노프를 소지한 병사들은 보병 분대에 배속된다. 반면에 미군의 M24나 M40과 같은 고성능 저격총은 연대장이나 중대장과 같은 제법 높은 지휘관에게 직접 임무를 부여받아 특별히 중요한 표적을 저격할 때 사용한다. 같은 저격총이라고 해도 운용 방법이 다른 셈이다.

최근 미군도 분대 저격총의 역할을 수행하는 자동 저격총을 장비하고 있다. 5.56mm 탄은 아무래도 원거리 사격에 약하기 때문이다. 이런 자동식 분대 저격총을 미군에서는 DMR(Designated Marksman Rifle. 지정사수 소총)이라고 부른다.

러시아군의 드라구노프 저격총(7.62mm 구경). 미군의 7.62mm와는 약실의 형상이 다르지만, 위력은 같다. 저격총치고는 정밀도가 다소 떨어진다.

전투소총이란?

돌격소총의 일종으로 풀 로드 탄을 사용하는 총

돌격소총은 중·근거리 사격을 중시한 총으로 제2차 세계대전까지 사용하던 강력한 보병총탄이나 기관총탄의 절반 정도의 화약으로 제작한 소형 탄약을 사용한다. 이에 비해 근대적인 총이지만 3g 전후의 화약을 지닌 풀 로드 탄(원거리 사격용 탄약)을 사용하는 G3나 FAL, AR-10과 같은 총도 있는데, 이를 전투소총(battle rifle)이라고 부른다.

원래 전투소총도 1970년대까지만 해도 돌격소총으로 분류했지만 '소형 탄약을 사용하는 총이 아니면 돌격소총이라고 할 수 없다.'라는 인식이 강해져서 어느 순간부터 전투소총으로 불린다. 그렇지만 전투소총이나 풀 로드 탄이라는 말은 돌격소총과 구별하려고 무리하게 만든 말이며 그다지 일반적인 용어는 아니다. 마니아들 사이에서만 통용된다고 해도 과언이 아니다. 사냥꾼이나 사격 선수, 총포상 직원이 이를 모른다고 해서 '총 지식이 부족하다.'라고 무시해서는 안 된다.

한편 중동의 사막이나 아프가니스탄의 산악 지대 등에서는 아무래도 돌격소총보다 강력한 전투소총이 믿음직하다. 다만 5.56mm보다 약 3배나 큰 반동을 지닌 전투소총을 능숙하게 다루면서 원거리를 정확하게 사격하려면 그만큼 숙련도가 높아야 한다. 그래서 모든 병사에게 전투소총을 지급하는 것은 현실적이지 않다. 이런 이유로 최근 미군에서는 전투소총에 스코프를 달아 '지정사수소총'이라고 칭하고 장비한다.

자위대의 64식 소총은 전투소총이라고 부르지는 않지만, 분류상 이 범주에 속한다.

최근 미군이 채용한 M110 지정사수소총은 AR-10 전투소총을 기반으로 제작됐다.

벤치레스트 사격이란?

100m에서 탄착군을 만든다

벤치레스트(benchrest) 사격이라는 소총 사격경기가 있다. 소총 사격 선수는 다른 스포츠에 비해 기술자 같은 분위기를 풍기는 사람이 많은데, 벤치레스트 사격 선수는 그런 경향이 한층 더 강하다.

벤치레스트 사격은 총을 손으로 잡지 않고 받침대 위에 놓은 채 방아쇠를 당긴다. 당연히 명중률이 높다. 일반적인 사냥총에 시판 탄환을 사용해 100m 거리에 있는 지름 3cm 안에 탄착군을 만들면 실력이 좋다고 할 수 있다.

벤치레스트 사격에서는 특수 제작한 총신과 고배율 스코프를 장착하기 때문에 총이 지나치게 무거워서 전혀 실용적이지 않다. 이뿐만 아니라 100m에서 몇 밀리미터 단위의 정확도를 겨루는 경기인 만큼 탄약도 시판 제품이 아니라 선수 본인이 직접 엄선한 탄피와 탄환으로 조합하고, 화약량도 정밀하게 맞춘 핸드 로드(6장에서 상세 설명)를 사용한다.

스포츠라기보다는 총과 탄환 기술을 겨룬다는 느낌마저 든다. 경기로 얻은 기술상의 노하우는 사냥총이나 저격총의 명중 정밀도를 높이는 데 도움이 된다. 물론 실용성을 무시한 특별한 총으로 얻은 결과를 그대로 실용적인 총에 응용한다고 해서 현저하게 명중 정밀도가 향상되지는 않는다. 예를 들어 탄피의 넥 부분, 즉 탄환을 무는 부분의 두께를 극도로 균등하게 맞춰서 탄착군이 1mm 개선됐다고 하자. 아쉽지만 이 기술을 실용적인 총에 그대로 적용한다고 해서 똑같이 탄착군이 1mm 개선되지는 않는다. 다만 벤치레스트 사격에서 연구된 명중 정밀도 향상의 노하우를 활용해 총을 개조하면 명중 정밀도를 최대한 끌어올릴 수는 있다.

미라주 벨트란?

사격경기나 사격 훈련을 하다 보면 금세 총신이 뜨거워져 '아지랑이'가 피어오른다. 그러면 조준할 때 표적이 왜곡돼 정밀한 사격을 할 수 없다. 이를 막기 위해 미라주 벨트(mirage belt)를 이용한다. 총신 위에 붙이는 천 벨트를 일컫는데, 고무 성분이 함유돼 있다. 시제품도 있지만 대부분 선수 스스로 제작한다. 또한 햇빛 차단막을 두꺼운 종이로 총신 길이만큼 만들어 사용하는 사람도 있다.

총신 위에 미라주 벨트가 장착된 레밍턴 M700 바민트 라이플. 총신에서 피어나는 아지랑이를 막아준다.

1-07 멧돼지를 쏘려면?
일반적인 저격총과 완전히 다른 멧돼지 사냥용 소총

멧돼지는 덤불 속에 숨어 좀처럼 모습을 드러내지 않는다. 이런 이유로 개를 풀어 멧돼지가 도망갈 만한 길목에 사수를 배치하고 매복하는 식으로 사냥한다.

멧돼지는 덤불과 덤불 사이를 달리므로 멧돼지 사냥에서 사거리는 기껏해야 20~30m 정도다. 50m까지 거리를 두는 경우는 거의 없다. 이 말은 즉, 멧돼지를 사냥할 때는 명중 정밀도가 높은 총보다 움직이는 표적을 발견했을 때 재빨리 겨눠 순간적으로 쏠 수 있는 총이 좋다는 뜻이다. AK47과 같은 총이 멧돼지 사냥에 적합하다. AK가 사냥용답지 않아서 꺼려진다면 AK47과 동일한 탄약을 사용하는 SKS나 루거 미니-30 등을 추천한다.

M1 카빈도 좋지만 위력이 다소 부족하다고 느낄 수 있다. 그러나 사냥개와 함께 달리며 사냥하기에는 아무래도 M1 카빈처럼 가벼운 총이 적합하다. 사냥개에게 추적을 맡겨도 되지만 때로는 멧돼지의 반격으로 사냥개가 궁지에 몰리곤 한다. 사냥개와 자신을 지킬 수 있을 정도의 위력이 있고, 산속에서 사냥개와 함께 멧돼지를 쫓는 데 부담이 없는 가벼운 총을 찾는다면 2.5kg 정도인 M1 카빈이 아주 좋은 선택지다.

명중 정밀도가 높다고 멧돼지 사냥에 바민트 라이플을 들고 가는 것은 바보 같은 짓이다. 다만 멧돼지 사냥임에도 정밀도가 높고 원거리 사격이 가능한 총이 필요한 경우라면 예외다. 예를 들어 눈이 내린 논밭을 휘젓고 산으로 도망가는 멧돼지의 발자취를 쫓다가 먼 거리에서 설원을 달리는 검은 멧돼지를 발견하고 저격하는 경우라면 명중 정밀도가 높은 총이 적합하다.

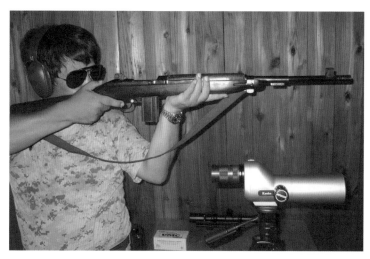

M1 카빈처럼 보이지만 멧돼지 사냥용으로 일본에서 생산된 호와 M300이다.

5.56mm 구경인 루거 미니-14를 구경 7.62×39로 만든 루거 미니-30은 멧돼지 사냥에 적합하다.

1-08 맹수 사냥에는 더블 라이플
이 총도 일반적인 저격총과는 거리가 멀다

더블 라이플(double rifle)은 총신이 두 개인 브레이크 액션식 소총으로 당연히 두 발밖에 쏠 수 없다. 하지만 두 발로 한정하면 자동총보다 더 빨리 쏠 수 있고, 고장 날 가능성은 거의 없다. 두 발밖에 쏠 수 없다고 해도 이런 총의 수요층은 귀족이나 부자라서 대개 같은 총을 한 자루 더 준비해서 다니기 때문에 총 네 발을 쏠 수 있다. 볼트 액션식도 대구경인 매그넘은 탄피가 두꺼워서 탄창에 세 발밖에 들어가지 않는 경우가 많아 더블 라이플의 신뢰성은 절대적이다. 다만 명중 정밀도로 따지면 볼트 액션은커녕 저렴한 카빈이나 AK에도 못 미친다. 그렇다면 과거 귀족이나 부자들은 어떻게 이 총을 다뤘을까. 사냥할 때 많은 사람을 고용해서 사냥감을 자기 쪽으로 몰아세우고 근거리에서 쏘는 사냥 방식을 즐겼다고 한다. 가능한 한 맹수와 근접해서 대결하는 것이 멋있다고 생각했기 때문이다.

더블 라이플은 일반 총포상에서 팔지 않는다. 주문 제작이 일반적이며 서민들의 집 한 채 값에 맞먹는다. (아무리 장인의 수제품이지만 AK보다 명중률이 낮은데도 집 한 채 값이라는 게 놀랍다.)

19세기에는 영국의 귀족이나 부자가 더블 라이플을 선호했지만, 오늘날에는 고가일 뿐만 아니라 많은 사람을 고용해서 사냥감을 몰거나 근거리에서 맹수와 대결하는 사냥 방식이 사라지면서 맹수 사냥에도 주로 볼트 액션식이 사용된다. 만약 30-30급의 더블 라이플을 저렴하게 만들 수 있다면 멧돼지 사냥에 아주 이상적일 것이다.

더블 라이플에는 코끼리를 쓰러트릴 정도로 위력적인 총도 있다.

❶ AA건전지
❷ 5.56mm NATO탄
❸ 7.62mm NATO탄
❹ 600 니트로 익스프레스
❺ 12.7mm 중기관총탄

더블 라이플용으로 다양한 구경의 탄약이 생산됐지만, 오른쪽에서 두 번째인 600 니트로 익스프레스가 가장 정평이 나 있다.

잠행 사냥에는 마운틴 라이플

사냥감의 서식지로 몰래 다가가는 단독 잠행 사냥

혼자서 총을 들고 몰래 사냥감의 서식지로 다가가서 사격하는 사냥법이 있는데 단독 잠행 사냥이라고 한다. 마치 저격수가 된 듯한 기분을 느낄 수 있으며 자신이 호랑이나 사자와 같은 맹수가 된 기분마저 든다. 혼자가 아니라 둘이어도 상관없지만 은밀하게 움직여야 한다. 스토킹이라고도 한다.

사격 거리는 천차만별이다. 사냥감이 낮잠을 자고 있다면 수십 미터까지 접근할 수 있고, 계곡 너머 경사면에 있다면 수백 미터일 수도 있다. 원거리 사격을 고려하면 전문 저격용 총이 필요하지만, 아무래도 무거운 총

을 들고 산속을 걷는 것은 힘들기에 가능한 한 가벼운 총이 편리하다. 그래서 다소 어중간하다면 어중간하지만 웬만한 원거리 사격도 가능한, 볼트 액션식 소총을 경량화한 총이 개발됐는데 이를 마운틴 라이플(mountain rifle)이라고 한다.

마운틴 라이플에는 '전체 길이 얼마 이하, 중량 얼마 이하'와 같은 식의 명확한 정의가 없다. 또한 '페더웨이트'(Featherweight), '핀라이트'(Finnlight)와 같이 상품명으로 불리는 경량 볼트 액션 소총과 무엇이 다른지, 이 또한 마운틴 라이플에 포함되는지 포함되지 않는지에 대한 명확한 정의도 없다.

그렇지만 대체로 스코프를 달기 전의 총 본체 무게가 3kg 이하이고, 대물 사냥을 할 수 있는(300m 이상의 거리에서 사슴을 쓰러뜨릴 수 있는) 위력의 총이면 마운틴 라이플의 범주에 속한다고 볼 수 있다. 가벼운 총으로 강력한 탄환을 쏘면 반동도 강렬하기 마련이지만 한 발 혹은 기껏해야 몇 발만 쏘기 때문에 무거운 총을 들고 걷기보다는 반동을 견디는 편이 낫다고 하겠다.

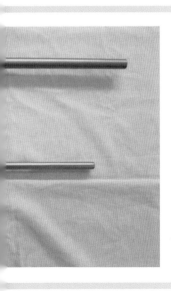

정밀도를 중시한 바민트 라이플(위)과 경쾌함을 중시한
마운틴 라이플(아래)

1-10 경기용 소총도 강력하다
군용 소총 수준의 위력이 필요한 이유

경기용 소총은 그저 종이 과녁에 구멍을 낼 수 있으면 된다고 생각하고 별로 강력하지 않아도 될 것 같지만, 어느 정도의 거리까지 공기저항을 이겨내고 정확하게 쏘려면 나름 무거운 탄환을 고속으로 발사해야 한다.

10m 공기총 경기라면 구경 4.5mm, 무게 0.53g의 탄환을 170m/s 정도로 발사한다. 사람이 맞으면 피부가 뚫리고 살에 박히긴 하지만 큰 부상으로는 이어지지 않을 정도의 위력이다.

오른쪽 사진의 ❶은 25m 래빗파이어 피스톨 경기에 사용하는 22 쇼트로 1.9g의 탄환을 320m/s의 속도로 발사한다. ❷의 22 롱 라이플은 2.6g의 탄환을 약 0.01g의 화약으로 350m/s 전후의 속도로 발사하며 권총 경기와 50m 소총 경기에 모두 사용한다. 토끼가 맞으면 죽고 사람도 머리나 심장에 맞으면 목숨을 잃을 수 있는 위력이다.

100m 이상의 경기에서는 ❸의 222 레밍턴이나 ❹의 223 레밍턴, ❺의 22 러시아가 주로 사용되지만 6mm가 안정적이기 때문에 구경을 6mm로 넓힌 ❻의 6mm 223이나 ❼의 6mm PPC, 6mm PPC보다 살짝 약협이 두꺼운 ❽의 6mm BR도 최근에 많이 사용한다. ❾는 308(7.62mm)을 6mm로 좁힌 243 윈체스터인데 경기용보다는 사냥용에 적합할 만큼 강한 탄환이다.

300m 정도의 경기에서는 바람의 영향을 되도록 줄이기 위해 더 무거운 탄환을 사용하는 것이 좋다. ❿은 구소련 시대에 러시아 선수가 사용한

6.5mm 러시아이고 ⑪은 6.5mm 아리사카다. 이들 탄환을 사용하는 경기용 소총이 만들어졌지만 보급되지는 않았다.

탄환이 더 무거운 ⑫의 308(7.62mm) 윈체스터를 사용하는 선수도 있지만, 300m 이내라면 바람의 영향을 감안하고 6mm급 탄을 사용하는 선수가 더 많다. 1,000야드(914.4m) 사격에서는 아무래도 7.62mm급이 필요한데 308 윈체스터를 사용하는 선수도 있지만 ⑬의 300 윈체스터 매그넘이 더 유리하다.

❶ 22 쇼트 ❷ 22 롱 라이플 ❸ 222 레밍턴 ❹ 223 레밍턴 ❺ 22 러시아
❻ 6mm 223 ❼ 6mm PPC ❽ 6mm BR ❾ 243 윈체스터 ❿ 6.5mm 러시아
⓫ 6.5mm 아리사카 ⓬ 308(7.62mm) 윈체스터 ⓭ 300 윈체스터 매그넘

경기용 소총 (사진:독일 ANSCHTZ의 22구경 M1907)

결국에는 볼트 액션
레밍턴 M700이 잘 팔리는 이유

레밍턴 M700이라는 소총은 본래 단순 사냥총에 불과했지만, 미국의 군대와 경찰에서 저격용으로 사용하자 일본에서도 유명해졌고 판매 실적도 많이 올랐다. 싸구려 총이라고 깎아내릴 정도는 아니지만, 결코 고급이 아니며 뭔가 대단한 성능의 총도 아니다. 다만 성능에 비해 가격을 낮게 책정하려고 대량 생산에 적합한 구조로 설계했다. '가격 대비 성능'이 뛰어나다.

레밍턴 M700의 판매 실적이 좋은 또 다른 이유는 기관부에 다양한 총신과 총상을 장착해서 다양한 유형의 총을 제작할 수 있다는 점 때문이다. 매우 굵은 총신에 날렵한 총상을 조합한 벤치레스트 경기용 소총이 있는가 하면, 가느다란 총신에 경쾌한 형태의 총상을 조합해 마운틴 라이플로 제작한 제품도 있다. 이처럼 극단적으로 성격이 다른 두 총을 똑같이 M700이라고 부르는 것이 이상할 정도다.

물론 양극단의 중간에 여러 유형의 제품도 존재한다. 구경도 0.17인치(4.3mm)부터 0.775인치(19.6mm)까지 다양하다. 토끼 사냥총부터 코끼리 사냥총까지, 실은 전혀 다른 유형의 총이 레밍턴 M700이라는 이름으로 팔리고 있다. 이 때문에 판매량이 높게 집계되는 것이다.

이렇게 구조가 간단하고 낮은 비용으로 만들 수 있을 뿐만 아니라 기관부에 다양한 변형을 줘서 용도의 폭도 넓은 만큼 '맹수 사냥에는 더블 라이플이 최고'라고 생각하는 사람도 주머니 사정을 고려하면 결국 볼트 액션 쪽으로 눈을 돌리고 만다.

레밍턴 M700의 다양한 유형

하나의 기관부(액션)에 다양한 총신과 총상을 조합한다.

아주 굵은 총신과 안정적인 총상을 조합해 벤치레스트 사격
용 소총으로 제작

경기용 조준기를 장착해 경기용 소총으로 제작

굵은 총신과 안정적인 총상을 조합해 바민트 라이플 겸 저격
총으로 제작

가벼운 총신과 가는 총상을 조합해 사냥총으로 제작

짧고 가는 총신과 총상을 조합해 마운틴 라이플로 제작

1-12 신뢰도 높은 총 고르기
직접 사용해 보기 전에는 모른다

여러분이 사냥 또는 어떤 임무를 부여받고 소총을 선택해야 하는 상황이라면 어떨까? 당연하게도 영화나 애니메이션, 만화 주인공이 사용하던 총을 멋있다는 이유만으로 선택하면 안 된다. 또한 카탈로그만 보고 선택해서도 안 된다. 자신의 목숨이 걸린 문제이기 때문에 실제로 사용해 보고 신뢰할 수 있는지 확인해야 한다.

한때 필자가 사용했던 웨더비 마크 V는 탄환이 탄창에서 약실로 제대로 이동하지 않았다. 천하의 웨더비가 말이다. 게다가 독일 공장 제품이었다. 시험 사격에서는 탄창을 사용하지 않고 한 발씩 탄약을 약실로 직접 넣어 쐈기 때문에 몰랐는데, 실제 사용하다가 결함을 발견하고 크게 놀랐다.

한번은 어떤 사냥꾼이 총포상에 레밍턴 M700을 가져와서 "노리쇠(볼트)가 정상적으로 앞뒤로 움직이지 않는다."라고 불만을 토로한 적이 있다. 보통은 정상적으로 작동하지만, 사냥감에 두 번째 사격을 하려고 서둘러 노리쇠를 조작할 때 조금 비스듬히 힘이 들어가면 여지없이 걸린다는 것이다. 이 문제는 줄칼을 이용해 표면을 조금 갈아냈더니 해결됐다.

비스듬히 힘을 준 사수가 나쁘다는 이야기가 아니다. 실전에서는 충분히 그런 조작을 할 수 있다. 그러니 부품을 깨끗하게 마감하지 않은 제조사의 잘못이다. 손으로 조작하는 볼트 액션조차도 이런 품질이니 주의해야 한다. 실제 상황을 상정한 테스트를 충분히 해서 결함이 있으면 수정한 후에 실전에 임해야 한다.

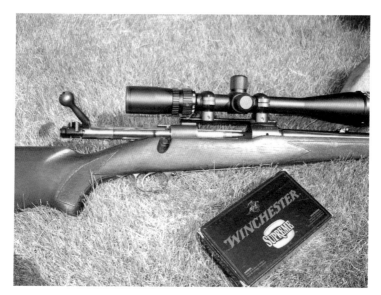

윈체스터 M70 Pre64. 이 총에 불만을 제기하는 말은 들어본 적이 없다.

사코(sako)도 좋은 총이다.(위 사진) 유럽의 총은 가격이 비싸지만, 미국산보다는
신뢰할만하다. 브라우닝(아래 사진)은 미국 브랜드이지만 일본 공장에서 생산되
며 자동식 사냥용 소총 중 가장 높은 신뢰도를 자랑한다.

병사를 전선에서 무력화시키는 탄환의 위력

필자는 졸저 《총의 과학》에서 동물을 총으로 쓰러뜨리려면 그 동물의 체중(kg)과 대등한 수치의 운동에너지(kgf·m)를 가진 탄환을 맞혀야 한다고 설명한 바 있다. 그런데 무기 설계 분야에서는 예전부터 병사를 전선에서 무력화시키는 데 필요한 탄환 및 파편의 운동에너지가 10kgf·m라고 알려져 있다.

예를 들어 5.56mm NATO탄을 900m 떨어진 적군의 병사에 쐈을 경우 920m/s였던 탄환의 속도는 230m/s로 떨어지고 운동에너지는 11kgf·m가 된다.

이는 살상에 필요한 에너지 또는 즉시 무력화시키는 에너지라는 의미가 아니라 위생병에게 처치를 받지 않으면 위험한 수준의 부상을 가할 수 있는 에너지라는 뜻이다. 적과 수백 미터 떨어져서 교전을 벌이는 상황에서 이 정도의 부상을 입히면 '더는 전진하지 못할 것'이라고 판단할 수 있다. 물론 적이 눈앞까지 다가온 상황이라면 이 정도의 에너지로 타격을 가해도 그대로 돌진할 것이다.

적과 상당한 거리를 두고 교전을 벌인다면 반드시 치명적인 타격을 줄 필요는 없다. 전진만 막으면 되기 때문이다.

2장

총신과 기관부

저격에 사용하는 총은 정밀한 사격을 할 수 있도록 다양한 기술이 탑재돼 있다. 여기서는 총신과 기관부의 구조를 중심으로 살펴보면서 뛰어난 저격총은 무엇이 좋은지, 나쁜 저격총은 무엇이 문제인지 설명한다.

2-01 강선 가공법과 명중 정밀도
명중 정밀도는 버튼 방식이 더 좋은가?

오늘날 총신에 강선(腔綫. rifling)을 가공하는 방법에는 두 가지가 있다. 하나는 끝이 단단하고 톱니바퀴 형상을 한 긴 봉을 총신 안에 넣고 돌려 빼는 버튼(button) 방식이다. 또 다른 하나는 강선이 새겨진 총강 형태를 띤 틀에 총신 소재를 씌워서 바깥쪽에서 두드리며 모양을 만드는 콜드 해머(cold hammer) 방식이다.

버튼 방식으로 제작하는 회사는 '콜드 해머 방식으로 만들면 잔류응력*이 생겨 사격 시 총신이 뜨거워지면 뒤틀리기 때문에 정밀도가 높은 총신을 만들려면 버튼 방식이 좋다.'라고 주장한다.

반면 콜드 해머 방식으로 제작하는 회사는 '잔류응력은 열처리로 제거하므로 문제가 없다. 오히려 콜드 해머 방식으로 만들면 테이퍼드 보어(tapered bore. 총강이 앞쪽으로 갈수록 좁아짐)가 가능하다.'라고 주장한다. 유럽에서는 저격총이나 경기총의 경우, 콜드 해머 방식으로 총신을 만든다. 그리고 수백 분의 1mm이지만 총구 부근의 내경을 좁게 제작한다. 유럽 업체들은 이렇게 만들면 명중 정밀도가 높아진다고 주장하고 있으며, 이것은 콜드 해머 방식이기 때문에 가능하다고 설명한다.

버튼 방식도 버튼을 억지로 통과시키기 때문에 사실상 잔류응력이 존재한다. 보통 총신의 외형은 총구부로 갈수록 가늘다. 그래서 잔류응력이 총강에 힘을 가하면 가는 부분은 밀려나서 수백 분의 1mm지만 총강이 나팔

---

* 외력이 사라진 후에도 내부에 잔존하고 있는 힘.

모양으로 벌어진다. 대부분의 저격총이나 경기총은 명중 정밀도를 높이려면 총신의 뿌리 부분부터 총구까지 동일한 외형이어야 한다고 알려져서 총구 부분이 가늘어지지 않는다. 다만 지나치게 무거워지는 것을 방지하기 위해 총신 바깥쪽에 세로로 홈을 파서 경량화하기도 한다.

저격총이나 경기총의 총신에는 뿌리 부분부터 총구까지 지름이 같은 총신을 사용하는 경우가 많다. 그래서 무겁다.

세로 홈

굵은 총신을 경량화하려고 총신의 바깥쪽에 세로 홈을 넣기도 한다. 최근에는 삼각형 총신도 시험 중이다.

크라운의 의의

총신은 의외로 부드럽다?

총신은 강선 가공이 필요하므로 아주 단단한 철로는 만들지 않는다. 단단한 재질이면 총신이 파열되는 사고가 일어났을 때 부서지면서 파편이 튈 위험이 있다. 하지만 부드러운 재질이면 단순히 찢어지기만 해서 피해를 최소화할 수 있다.

총신은 일반적인 쇠톱으로도 자를 수 있다. 그만큼 흠집이 잘 생기고, 특히 총구는 총을 다룰 때 여기저기 부딪히기 쉬운 부분이다. 총구의 절단부에 상처가 있으면 탄환이 총구를 벗어나는 순간 발생하는 가스가 불규칙적으로 뿜겨져 나와 탄환이 기울어질 수 있다. 이는 명중 정밀도를 떨어뜨리는 원인이므로 총구가 변형되지 않도록 주의한다. 총을 손질할 때도 꽂을대를 앞에서 넣지 말아야 한다. 총구부에 닿아 마모가 생길 수 있기 때문이다.

총구는 총신을 단순히 자른 모양이 아니다. 흠집이 생기는 것을 줄이기 위해 절단면의 모서리를 다듬는데 이를 크라운(crown)이라고 한다.

크라운은 명중 정밀도에 영향을 준다. 탄환이 총구를 벗어날 때 뒤로 내뿜는 폭풍의 힘은 탄환을 5m/s 정도 가속하는데, 크라운 형상에 따라 폭풍 형태도 달라지기 때문이다. 크라운 형상은 오른쪽 그림에서 보듯 시행착오를 여럿 거치고 있다. 다만 그 영향은 극히 미미해서 명중 정밀도에 영향을 주는 다른 요소와 섞이면 어떤 형상이 좋은지 구분하기 쉽지 않다. 어쨌든 '민감한 부분'이라고 생각하고 조심하는 것이 좋다.

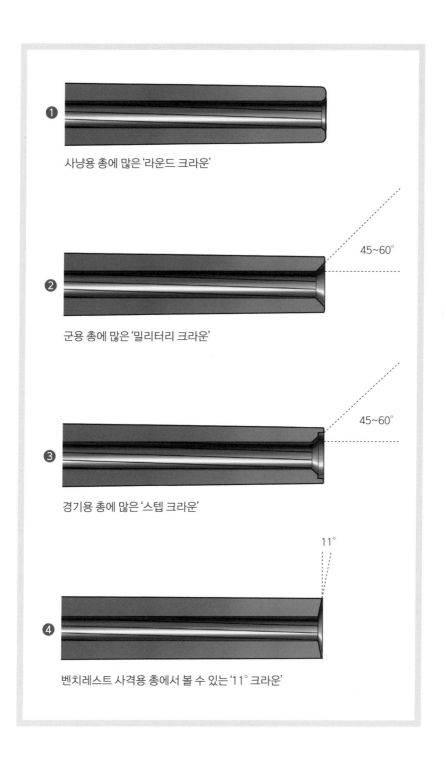

① 사냥용 총에 많은 '라운드 크라운'

45~60°

② 군용 총에 많은 '밀리터리 크라운'

45~60°

③ 경기용 총에 많은 '스텝 크라운'

11°

④ 벤치레스트 사격용 총에서 볼 수 있는 '11° 크라운'

2-03 총구제동기와 BOSS
가변 총구제동기로 총신의 진동을 제어

돌격소총은 자동사격을 해도 제어가 쉽도록 총구제동기(muzzle brake)로 반동을 억제한다. 하지만 저격총은 한 방에 명중시켜야 하므로 반동을 억제할 필요가 없다. 보통 총구제동기를 달면 시끄럽고 분진을 일으키므로 저격총이나 사냥총에는 달지 않는다. 물론 12.7mm와 같은 반동이 강렬한 총에는 총구제동기가 반드시 필요하다.

한편 최근 미군은 7.62mm 저격총에도 총구제동기를 장착한다. 이는 반동 완화보다는 총구에 생기는 불꽃을 억제하려는 의도로 보인다. 미군의 저격총을 보면 반동 완화보다 총구 불꽃과 총성의 억제가 목적인 소음기(suppressor)가 장착된 모습을 볼 수 있다.

사냥총의 세계에서는 이전에 BOSS(보스)라는 총구제동기 겸 소음기가 등장했다. BOSS는 'Ballistic Optimizing Shooting System'의 약자다. 총신은 진동하기 마련이지만 그나마 진폭이 가장 작은 부분을 총구로 사용하면 명중 정밀도가 높아진다. 다만 진동 상태는 총마다 제각기 다르다. 그래서 총구제동기를 장착할 때 총구제동기를 포함한 총신의 길이를 자유롭게 조절할 수 있는 가변식이 고안됐다. BOSS를 사용하면 장착 길이를 달리하면서 테스트 사격을 해보고, 가장 명중 정밀도가 높은 위치를 결정할 수 있다. 브라우닝의 사냥용 자동소총(BAR)에 이 시스템을 적용한다.

총구제동기

12.7mm의 강렬한 반동을 완화하려면 총구제동기가 반드시 필요하다.
(사진 : 미국 육군)

최근에는 7.62mm 저격총에도 총구제동기를 장착한다. (사진 : 미국 해병대)

2-04 베딩과 배럴 플로팅
총신과 총상은 밀착해서는 안 된다

기관부와 총상을 밀착하는 것을 베딩(bedding)이라고 한다. 기관부와 총상은 완벽히 밀착해야 한다. 이 부분이 덜컹거리면 명중 정밀도가 현저히 떨어진다. 특히 반동을 받는 리코일 러그(recoil lug) 부분에 틈이 있으면 기관부를 총상에 고정하는 나사를 아무리 단단히 조여도 소용없다.

그래서 총상과 기관부를 완전히 붙여버리기도 하지만, 만약 기관부와 총상을 분해하는 상황이 생기면 곤란하므로 보통은 기관부에 왁스를 바르고 총상 쪽에 접착제(퍼티)를 발라 조립한다. 접착제가 틈새를 메우고 단단히 고정되면 베딩이 완벽해진다. 기관부에는 왁스를 칠하기 때문에 완전히 접착되지는 않는다. 장착 나사에도 왁스를 충분히 발라서 고착되지 않도록 한다. 접착제는 굳을 때 부피가 변하지 않는 2액 혼합식 에폭시 계열의 접착제를 사용해야 한다. 여러 가지 제품이 있지만, 필자는 데브콘 F(Devcon F)라는 제품을 사용한다.

총신은 총상에서 떨어트려야 한다. 총상은 시간이 흐르면 습도를 비롯해 여러 요인의 영향으로 뒤틀림이 생긴다. 그래서 총신과 총상이 밀착돼 있으면 총신에 힘이 가해진다. 또한 총신은 0.1mm 단위로 격렬하게 진동하는데, 총신이 총상에 부딪히면 그 충격으로 진동은 한층 더 심해진다. 결국 총신은 총상에서 1mm 이상 떨어져야 한다. 이처럼 총신이 총상에서 떨어진 상태를 배럴 플로팅(barrel floating)이라고 한다.

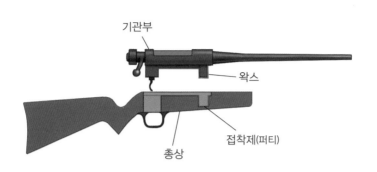

베딩하는 방법. 기관부와 총상의 접촉면이 완벽히 밀착되도록 파란색 부분에 접
착제를 바른다. 다만 완전히 고착되지 않도록 기관부 측(빨간색 부분)에는 왁스를
바른다.

베딩에 추천하는 ITW PP&F JAPAN의 Devcon F. 철물점이나 인터넷 쇼핑몰에
서 구입할 수 있다.

노리쇠의 개폐 각도
볼트 액션총 대부분은 90°

볼트 액션총은 대개 노리쇠를 90°로 돌려 여닫는다. 구 일본군의 38식 보병총처럼 장전 손잡이가 직선 형태인 총은 노리쇠를 열 때 장전 손잡이가 위를 향한다. 이런 형태는 특성상 스코프를 장착할 수 없다.

그래서 장전 손잡이를 90°로 돌려도 스코프와 간섭이 일어나지 않도록 하거나 스코프를 기관부의 위가 아닌 좌측에 붙인다. 스코프가 좌측에 있어도 총을 쏘고 명중시키는 데는 문제가 없지만 역시 여러 가지 불편한 점이 있다. 이 때문에 스코프는 기관부 바로 위에 장착하는 편이 바람직하다.

이런 이유로 대개 장전 손잡이를 구부려 스코프와의 간섭을 없애는 쪽을 선택한다. 스코프 장착 여부와 관계없이 장전 손잡이는 아래로 구부러져 있는 형태가 조작하기에도 편해서 제2차 세계대전 때의 소총도 장전 손잡이가 구부러진 형태가 많고(스코프가 없어도), 오늘날의 사냥용 소총이나 경기용 소총도 대개 구부러져 있다.

일부 고급 총은 노리쇠의 개폐 각도가 60° 혹은 55°와 같이 원둘레의 약 6분의 1인 경우도 있다. 웨더비가 대표적이다. 사코도 예전에는 90°였지만 지금은 55°인 제품을 판매한다.

참고로 볼트 액션 대부분은 노리쇠를 세울 때 공이(격침)의 스프링을 압축하는 구조다. 그래서 볼트를 세우는 각도가 얕다는 것은 일으킬 때 좀 더 많은 힘이 든다는 의미다. 다만 실제로 조작하면 별로 차이를 느끼지 못할 정도로 미미하다.

38식 보병총 같은 옛날 총은 장전 손잡이가 직선 형태라서 90°로 세워야 했다. 스코프 장착이 편하지 않았다.

오늘날 볼트 액션총은 마찬가지로 장전 손잡이를 90°로 세워야 하지만, 장전 손잡이를 아래로 구부려 놓았기 때문에 세워도 스코프와 간섭이 일어나지 않는다.

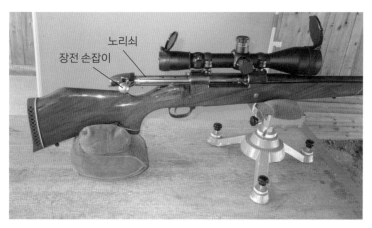

웨더비 소총의 노리쇠 개폐 각도는 60°다. 노리쇠를 조작하는 손이 스코프에 닿지 않아 그만큼 선택할 수 있는 스코프의 종류가 많다.

로킹 러그의 개수
대부분은 2개, 웨더비는 9개

노리쇠의 머리 부분에는 로킹 러그(locking lug)라는 돌기가 있다. 이것이 로킹 리세스(locking recess)라고 불리는 홈과 맞물려 기관부를 폐쇄한다. 볼트 액션총 대부분은 노리쇠를 1/4 회전시켜 기관부를 폐쇄한다. 즉 90° 회전하므로 로킹 러그는 2개다. 볼트를 1/6 회전시켜 폐쇄한다면 로킹 러그는 3개가 필요하다.

웨더비 소총은 한 곳의 로킹 러그가 3단으로 구성돼 있어 로킹 로그가 총 9개 있다. 웨더비는 '로킹 러그가 9개나 있어서 강력한 매그넘을 쏴도 튼튼하다.'라고 홍보한다. 그런데 9개가 있어도 각각은 오히려 걱정될 정도로 작고, 9개 모두가 완전히 체결됐는지 의심이 들 때도 있다.

로킹 러그가 9개라서 웨더비가 튼튼하다면 사코는 3개고 마우저 98은 2개라서 약해야 하는데 꼭 그렇지는 않다. 오히려 마우저 98의 기관부는 매우 튼튼하다고 정평이 나 있다. 또한 총기 제작자[gunsmith] 사이에서는 개인 맞춤으로 매그넘 라이플을 제작할 때 일부러 오래된 마우저 소총의 기관부를 구해서 활용할 정도다. 구 일본군의 38식 보병총도 매우 튼튼하다고 알려져 있다.

만약 이와 같은 로킹 러그 2개짜리 소총에 연소 속도가 빨라서 위험한 화약을 채워 파괴시험을 하면 어떨까? 뇌관 바닥이나 탄피가 벌어져 고압 가스가 분출되고 총신이 찢어져도 로킹 러그가 파괴돼 노리쇠가 뒤로 빠지는 일은 없다.

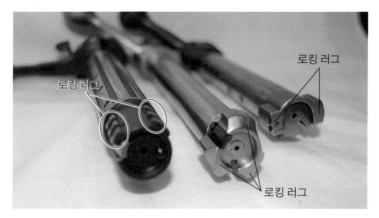

웨더비는 9개(왼쪽), 사코는 3개(중앙). 대개 총은 로킹 러그가 2개(오른쪽)다.

웨더비는 로킹 러그가 9개나 있으므로 튼튼하다고 홍보한다. 탄피 바닥이 빠질 정도로 화약을 넣은 탄환을 로킹 러그 2개인 총으로 쏴도, 로킹 러그가 부러져 노리쇠가 빠지는 일은 없다.

왜 노리쇠의 신뢰성이 중요한가?

레밍턴보다 윈체스터를 신뢰하는 이유

대물 사냥을 하는 사냥꾼은 레밍턴 M700보다는 윈체스터 M70 Pre64를 선호한다. Pre64란 1964년 이전에 제작한 총이라는 뜻이다. 이후에 생산된 제품은 M70이라고만 부르는데 비용 절감을 위해 제조 방법을 바꾼 저렴한 총이다. 많은 사냥꾼이 과거에 만들어진 총을 찾아 프리미엄이 붙은 가격에 거래하고 있다. M70 Pre64가 좋은 이유는 큰 쇳덩어리를 직접 깎아 장전 손잡이를 포함한 노리쇠를 만들었기 때문이다.

반면 레밍턴 M700은 손쉬운 제작과 비용 절감을 위해 노리쇠를 몸통 부분, 머리 부분, 장전 손잡이 부분과 같이 세 부분으로 나눠 만들어서 납땜한다. 이런 총은 예를 들어 총이 얼어붙는 혹한의 날씨에 노출됐을 때나 총구에 눈이나 물이 들어간 것을 모르고 쏴서 압력이 높아져 탄피가 잘 빠지지 않을 때, 손이 아닌 발로 총을 걷어차서 작동시키려고 할 때 장전 손잡이 부분이 부러질 우려가 있다. 즉 납땜이 떨어진다. 필자는 실제로 부러진 것을 본 적이 있다.

Pre64라면 발로 차든 돌이나 망치로 두드리든 웬만해서는 부러질 걱정이 없다. 가혹한 환경에서도 언제나 신뢰할 수 있다. 물론 노리쇠를 깎는 방식은 Pre64 이외에도 사코나 웨더비의 고급총에서 볼 수 있지만, 대신에 가격이 비싸다. 물론 이런 고급총도 (앞으로 설명하겠지만) 신뢰성 측면에서 Pre64에 미치지 못하는 부분이 많다.

레밍턴 M700(왼쪽)과 윈체스터 M70 Pre64(오른쪽). 가혹한 환경에 노출됐을 때의 신뢰성은 윈체스터 M70 Pre64가 더 높다.

2-08 익스트랙터의 강도
탄피를 끄집어내는 갈퀴, 이 부분에 문제가 생기면?

장전 손잡이의 강도보다 더 자주 문제가 되는 것이 발사 후 탄피를 축출하는 역할을 하는 익스트랙터(extractor)의 강도다. 윈체스터 M70 Pre64 혹은 옛날 마우저 98이나 38식 보병총 등에는 정말로 큰 익스트랙터가 달려 있다. 이뿐만 아니라 손힘으로 빼낼 수 없을 정도로 꽉 낀 탄피도 발로 노리쇠를 힘껏 걷어차서 빼낼 수 있을 정도로 총이 튼튼하다.

레밍턴 M700의 익스트랙터는 비용 절감을 고려한 구조이기 때문에 갈퀴 모양의 스프링에 불과하다. 강한 힘으로 탄피를 뽑아내려고 하면 장전 손잡이가 부러질 정도는 아니지만 익스트랙터가 약해서 미끄러져 버린다. 필자는 레밍턴 M700이 익스트랙터가 너무 빈약해서 군용은 물론이고 대물 사냥용 총으로도 낙제라고 생각한다. 미국 해병대의 M40 저격총은 레밍턴 M700을 기반으로 제작됐지만 익스트랙터 부분만큼은 사코와 같은 구조로 개조해서 사용한다. 제2차 세계대전 당시 전리품으로 미국에 대량으로 건너간 마우저 98의 기관부는 커스텀 사냥총을 만들 때 자주 이용됐다. 대부분 볼트 액션은 노리쇠를 세울 때 공이의 스프링을 압축하는 데 비해 38식은 볼트를 앞으로 밀어 스프링을 압축하는 형식이라 조작성이 나빠 그다지 이용하지 않는다. 1964년 이후 저렴한 노리쇠 구조를 양산용으로 썼다가 평판이 나빠진 윈체스터 M70도 21세기에 이르러서는 1964년 이전의 구조를 되살려 판매하고 있다. Pre64와 같은 익스트랙터를 CRF(Controlled Round Feed)식이라고 한다.

익스트랙터

윈체스터 M70 Pre64의 익스트랙터(왼쪽)는 외관상으로도 튼튼해 보인다. 반면 레밍턴 M700의 익스트랙터(오른쪽)는 매우 약해 보인다.

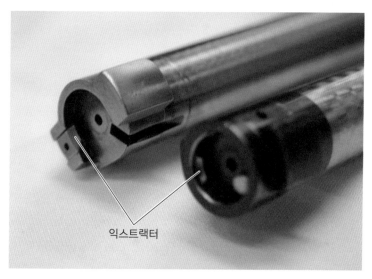

익스트랙터

1964년 이후 제작된 윈체스터 M70의 익스트랙터(왼쪽)는 Pre64만큼 튼튼하지 않지만, 레밍턴 M700(오른쪽)보다는 튼튼하다.

2-09 이젝터의 좋고 나쁨
탄피를 총 밖으로 쳐내는 역할

익스트랙터에 의해 뽑힌 탄피는 이젝터(ejector)에 차여 총 밖으로 배출된다. 윈체스터 M70 Pre64와 마우저 98, 38식 보병총 등 옛 군용총은 이젝터가 판 모양이며 노리쇠에 이젝터를 꽂기 위한 홈이 있다. 이런 형식을 메커니컬 타입(mechanical type)이라고 하며 신뢰성이 높다. 다만 메커니컬 타입은 제작 시간이 길다.

레밍턴 M700 같은 오늘날 총 대부분은 플런저 타입(plunger type)을 쓴다. 원기둥 모양의 이젝터가 튀어나와 탄피 바닥을 쳐내는 형식이다. 고급총으로 꼽히는 웨더비조차도 이 형식을 따른다. 이런 구조는 얼거나 막히면 제대로 작동하지 않을 수 있다.

자동총 중에는 M1 라이플, M1 카빈, M14, AK47, SKS, FAL, FNC, 베레타 AR-70, SG550, 한국의 K2, 일본의 64식 등이 메커니컬 타입이다. 64식 이젝터는 매우 튼튼하지만 작동 불량이 많다. 탄창, 관성 슬라이드 방식, 노리쇠의 짧은 후퇴 거리 등이 영향을 준다고 생각한다. 일반적으로 메커니컬 타입이 플런저 타입보다 탄피를 쳐내는 강도가 강하지만, 64식은 노리쇠의 후퇴 속도가 느린 탓에 강도가 약하게 느껴진다.

M16이나 89식은 플런저 타입이며 G36과 AUG, FAMAS도 플런저 타입이다. 플런저 타입이라서 반드시 문제가 있다고 할 수는 없지만 열악한 조건에서는 아무래도 메커니컬 타입의 신뢰성이 높다고 봐야 할 것이다.

윈체스터 M70(왼쪽)은 노리쇠의 홈에서 판 모양의 이젝터가 나와 탄피를 쳐낸
다.(사진은 Pre64 구조를 복각한 클래식 모델) 레밍턴 M700(오른쪽)은 원기둥 모양
의 이젝터가 탄피를 쳐낸다.

플런저 타입의 이젝터

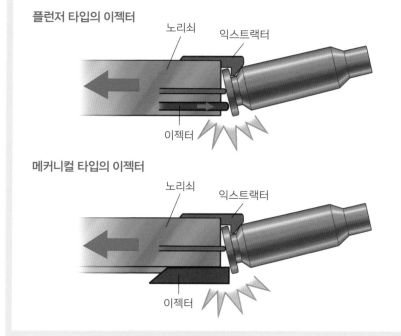

메커니컬 타입의 이젝터

2-10 방아쇠를 당기는 손맛의 의미
방아쇠를 당기는 느낌이 나쁘면 좋은 사격을 할 수 없다

방아쇠(trigger)를 당기는 느낌은 사격할 때 매우 중요한 요소지만 말로 설명하기는 쉽지 않다. 더구나 진짜 총을 쏴본 적이 없는 사람에게 방아쇠의 '손맛'을 설명해 봐야 이해하지 못한다. 아이에게 '아픔'이나 '뜨거움'이라는 말을 가르칠 때 정말로 아프고 뜨거운 게 어떤 느낌인지 실제로 체험하게 하고 기억하도록 하는 수밖에 없는 것과 비슷하다. 여러 종류의 총을 쏴보고(실탄 사격이 아니라도 상관없다.) '방아쇠를 당기는 느낌이 좋은 총'이 어떤 것인지 경험해 보는 수밖에 없다.

전국체전이나 올림픽에 쓰는 경기용 소총은 방아쇠를 당기는 느낌이 매우 좋다. 산탄총이라도 장인이 공들여 만든 고가의 더블 배럴 샷건도 방아쇠를 당기는 느낌이 훌륭하다. 그러나 사냥총이나 군용 소총 대부분은 방아쇠가 엉성하다. 아무래도 단기간 훈련한 초보 병사에게 쥐여주는 총이기 때문에 프로를 만족시키기에는 상당히 부족한 '손맛'이다.

총은 어쩌면 사용자가 스스로(혹은 총기 제작자에게 의뢰해) 개조하는 것일지도 모른다. 레밍턴 M700은 노리쇠나 익스트랙터가 약하다. '싸구려'라며 깎아내리는 사람도 있지만, 명중 정밀도는 내세울 만하다. 다만 공장 출하 상태의 방아쇠를 살펴보면 결코 칭찬할 만한 제품이 아니다. 그래서 직접 혹은 총기 제작자에게 의뢰해 시어(sear)를 숫돌로 가는 개조 작업을 한다. 또한 정밀 사격을 원하는 사용자를 위해 개별 맞춤형 트리거 어셈블리가 별도로 판매되고 있어 교체해서 사용하는 사람도 적지 않다.

방아쇠 구조

방아쇠는 구조가 다양하지만, 간단히 설명하면 아래 그림과 같다. 코킹 피스(cocking piece)에 공이가 달려 있는데, 스프링에 의해 전진하려는 힘을 시어가 막아 방아쇠를 제어한다.

시어와 방아쇠는 극히 일부의 면만 접촉한다. 방아쇠를 당기면 방아쇠가 시어를 지탱하는 힘이 풀려서 시어는 아래로 내려가고, 공이가 달린 코킹 피스가 전진한다. 그래서 접촉면이 크면 방아쇠를 당길 때 무겁고, 접촉면이 작으면 가볍다. 가볍다고 해서 무조건 방아쇠 당기는 느낌이 좋다는 의미가 아니다. 다만 이 접촉 부분은 매우 단단하고 깔끔하게 다듬어져 있는데 여기에 저항이나 걸림 또는 마모가 있으면 방아쇠를 당길 때 기분 좋은 손맛을 느낄 수 없다.

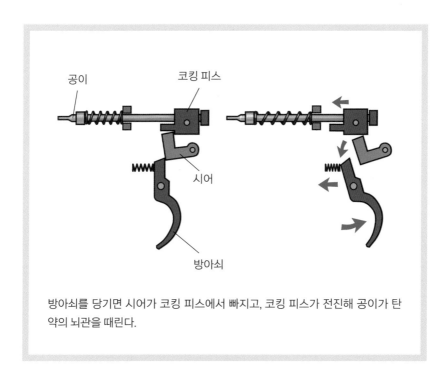

방아쇠를 당기면 시어가 코킹 피스에서 빠지고, 코킹 피스가 전진해 공이가 탄약의 뇌관을 때린다.

2-11 짧을수록 좋은 로크 타임
방아쇠를 당겨 공이가 뇌관을 때리기까지의 시간

방아쇠를 당기면 시어가 움직이고 코킹 피스(자동총처럼 격철이 있는 총이라면 격철)가 개방돼 공이가 뇌관을 때린다. 공이 혹은 코킹 피스가 움직여서 뇌관을 때릴 때까지의 시간을 로크 타임(lock time)이라고 한다.

레밍턴 M700은 3ms(3/1000초), 윈체스터 M70은 3.5ms, 웨더비 마크 V는 2.9ms, 마우저 98은 5ms이다.

사람의 몸은 완벽히 멈춰 있을 수 없다. 사격 훈련을 거듭해서 무념무상에 빠지고 맥박수까지 조절할 수 있을 정도가 돼도 자신의 몸을 완전히 정지 상태로 만들 수는 없다. 방아쇠를 당기고 공이가 뇌관을 때릴 때까지 천분의 몇 초 동안 몸은 움직이고 총도 움직인다.

로크 타임은 짧으면 짧을수록 좋다. 총의 우수성을 설명할 때 '로크 타임이 짧아서 좋다.'라는 식으로 말하기도 한다. 총 설계자는 로크 타임을 줄이려고 고심한다.

공이가 움직이는 거리가 짧으면 그만큼 빨리 뇌관에 도달할 수 있다. 또한 공이가 가벼우면 움직이는 속도가 빨라져 그만큼 뇌관에 빨리 닿는다. 공이 무게를 줄이려고 티타늄으로 만드는 시도도 있었다.

그러나 천분의 몇 초라는 로크 타임이 만분의 몇 초 더 빨라지고 느려진다고 실제 명중 정밀도에 어느 정도의 영향을 미치는지는 다소 의문스럽다. 물론 64식 소총처럼 로크 타임이 40ms 정도면 논외다.

레밍턴 M700의 로크 타임은 3ms.

마우저 98의 로크 타임은 5ms.

고정식 탄창과 탈착식 탄창의 차이

오늘날 자동총 대부분은 탈착식 탄창이며, 탄약을 소진하면 빈 탄창을 뽑아 탄환을 채운 다음 탄창을 신속하게 밀어 넣어 사격을 이어간다. 하지만 사냥용 볼트 액션총이나 저격총은 탄창을 교체할 정도로 사격을 많이 하지 않는다. 그래서 노리쇠를 내리고 위에서 한 발씩 채워 넣는 고정식 탄창인 경우가 많다. 다만 스코프가 달린 총이 고정식 탄창이면 아무래도 탄약을 넣을 때 불편하다. (고정식 탄창이라도 탄약을 배출할 때 탄창 바닥판을 열어 탄약을 뽑는 것도 있지만 마찬가지로 불편하다.) 또한 실전에서는 저격병도 접근전을 벌이는 상황이 생길 수 있으므로 최근 미군의 저격총에도 탈착식 탄창이 등장했다.

탈착식 탄창으로 개량된 M40A5 저격총 (사진 : 미국 해병대)

조준기

정확한 저격을 하려면 조준기는 필수다. 총에 고정된 것도 있지만 여러 가지 스코프를 탈착할 수 있는 제품도 있다. 여기서는 기본적인 조준기의 구조부터 스코프와 관련한 상세한 내용까지 설명한다.

3-01 아이언 사이트란?

피프 사이트와 오픈 사이트

아이언 사이트(iron sight)란 총 앞뒤에 붙은 돌기 형태의 조준기, 즉 가늠 쇠[front sight]와 가늠자[rear sight]를 말한다. 반드시 철이 아닌 경우도 있어서 메탈릭 사이트(metallic sight)라고도 불린다. 가늠자에는 공형(孔型) 가늠자[peep sight]와 곡형(谷型) 가늠자[open sight]가 있고, 가늠쇠에는 환형(環型) 가늠쇠[ring sight]와 봉형(棒型) 가늠쇠[post sight]가 있다. 사람 눈은 원의 중심을 상당히 정확히 인식할 수 있다. 그래서 사격 시 공형 가늠자와 환형 가늠쇠, 둥근 표적을 일치시키면 매우 정확하게 조준할 수 있다. 환형 가늠쇠는 둥글고 검은 표적에는 유효하지만, 실전에서는 오히려 표적이 잘 보이지 않아 중심을 정확히 조준하기 어렵다. 이런 이유로 보통은 공형 가늠자와 봉형 가늠쇠를 조합해서 사용한다.

덧붙여 경기용 소총의 가늠자는 매우 세밀하게 조절할 수 있는데, 이를 마이크로 사이트(micro sight)라고 한다.

공형 가늠자는 정확한 조준에는 유효하지만 좁은 구멍을 통해 표적을 보기 때문에 어두워지면 표적이 보이지 않는 단점이 있다. 밤이 아니어도 저녁 무렵에 육안으로 보이는 표적도 가늠자로 보면 보이지 않는 경우가 많다. 물론 곡형 가늠자로도 육안으로 겨우 보이는 정도의 표적은 조준할 수 없지만, 공형 가늠자보다는 어둠에 강하다. 다만 곡형 가늠자가 공형 가늠자보다 정밀 조준 능력이 다소 떨어진다. 정확성보다 신속성을 중시하면 곡형 가늠자도 유리하기 때문에 AK47은 곡형 가늠자다.

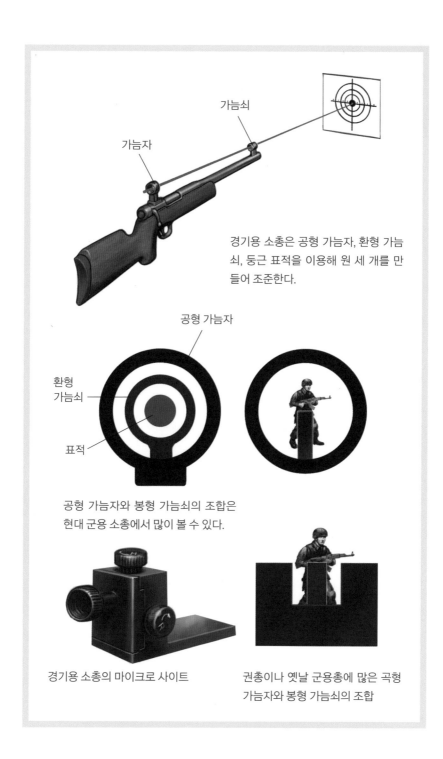

가늠쇠

가늠자

경기용 소총은 공형 가늠자, 환형 가늠
쇠, 둥근 표적을 이용해 원 세 개를 만
들어 조준한다.

공형 가늠자

환형
가늠쇠

표적

공형 가늠자와 봉형 가늠쇠의 조합은
현대 군용 소총에서 많이 볼 수 있다.

경기용 소총의 마이크로 사이트

권총이나 옛날 군용총에 많은 곡형
가늠자와 봉형 가늠쇠의 조합

여러 가지 오픈 사이트
피라미드형 가늠쇠는 의외로 정확하지 않다

옛날 군용총이나 권총, 오늘날 AK 등에는 곡형 가늠자와 봉형 가늠쇠를 조합해서 사용한다. 곡형 가늠자와 봉형 가늠쇠는 모양도 여러 가지다.

오른쪽 그림 a는 V자형 가늠자와 피라미드형 가늠쇠의 조합이다. 38식 보병총이 이런 모양이다. 보통 뾰족한 가늠쇠가 작은 표적도 맞히기 쉽고 정확하게 조준할 수 있을 것 같지만 사실 그렇지도 않다. 가늠쇠의 상하 위치가 가늠자 위쪽 선에 일치하는지 알기 어렵고, 좌우가 정확하게 가늠자의 중심에 위치하는지도 알기 어렵다. 그러나 38식 보병총을 쓰던 시절에는 보병총으로 2,000m나 떨어진 적군의 병사를 노리는 경우가 많았기 때문에 이런 뾰족한 가늠쇠를 사용했다. a보다는 오히려 b와 같은 네모난 가늠쇠와의 조합이 가늠쇠를 가늠자의 계곡 중심에 정확히 맞추기 쉽다.

정해진 크기의 표적을 쏜다면 c처럼 가늠쇠의 폭을 표적의 폭과 같게 해야 조준하기 편하며, 가늠쇠 좌우의 공간도 좁은 편이 정확하게 겨냥할 수 있다. 하지만 이래서는 작은 표적을 노릴 때 표적이 가늠쇠보다 작아서 조준이 어려울 수밖에 없다. 또한 좌우 공간이 좁으면 어둑한 곳에서도 겨냥이 쉽다는 곡형 가늠자의 장점을 살릴 수 없다.

d는 사냥총에서 많이 볼 수 있는데 가늠쇠의 꼭대기가 원형이다. 근거리에서의 정확성보다는 신속한 겨냥을 중시한 형태다. e는 d와 비슷하지만, 가늠자 계곡 모양이 V자가 아닌 U자다. 이는 공형 가늠자가 중심을 찾을 때 수월한 것처럼 가늠자 중심에 가늠쇠를 맞추기 쉬운 형태다.

a 피라미드 모양의 뾰족한 가늠쇠는 상하좌우의 미묘한 오차를 알아내기 힘들다.

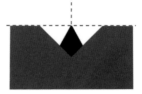

b 오히려 사각형 조합이 오차를 알아내기 쉽다. 이 그림에서는 가늠쇠가 조금 왼쪽 위로 어긋나 있다.

c 가늠쇠의 폭이 넓으면 오차를 알아내기 쉽다. 다만 가늠쇠보다도 작은 과녁은 겨냥이 어렵다.

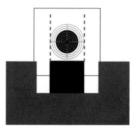

d 사냥총에 많다. 근거리에서 신속히 겨냥하기에 적합하다.

e 곡형 가늠자가 U자형이면 가늠자의 중심에 가늠쇠를 맞추기 쉽다.

3-03 최상의 스코프 배율은?
초보자는 3~4배가 적당하다

총에 스코프가 장착되면 아무래도 조준이 편리하다. 표적을 크게 확대할 수 있고 육안보다 밝기 때문이다. 여러 명이 사냥터를 둘러싸고 멧돼지를 몰면서 사냥할 때처럼 수십 미터 이내의 거리에서 움직이는 표적을 쏜다면 스코프가 필요 없다는 의견도 있지만 그래도 필자는 3배 정도의 저배율이라면 스코프로 조준하는 편이 좋다고 생각한다.

왜냐하면 멧돼지 사냥은 비교적 초목이 무성한 어두운 곳에서 노리는 경우가 많고, 배율이 낮아도 렌즈가 빛을 모아주기 때문에 육안으로 조준하는 것보다 밝기 때문이다. 어두워서 육안으로는 명확하게 보이지 않을 때도 스코프로 보면 표적이 명료하게 보인다.

미군의 저격총에는 10배율 스코프가 장착돼 있는데 초보자가 10배율의 스코프를 사용하면 자기 몸의 흔들림도 10배 확대돼 보이기 때문에 흔들리는 작은 배 위에 있는 것처럼 과녁이 크게 흔들려 방아쇠를 당기는 타이밍을 맞추기 어렵다. 초보자는 3~4배부터 시작하는 게 좋다.

익숙해지면 고배율도 문제없지만, 근거리에서 갑자기 곰을 만나면 어떨까? 고배율 스코프로 겨냥하면 눈에 보이는 것은 곰의 털뿐이고 어느 부분을 겨누고 있는지조차 알 수 없다.

그래서 줌 스코프가 여러모로 편리하다. 낮은 배율로 설정해서 가지고 다니다가 먼 표적을 발견하면 배율을 높인다. 다만 줌 스코프는 배율을 바꾸면 미묘하게 착탄이 어긋난다. 보통 깨닫지 못할 정도로 미세한 수준이지만 100m 거리라면 몇 센티미터나 다를 수 있으므로 정확한 사격을 바란다면 영점을 잡았을 때와 같은 배율로 표적을 노려야 한다.

스코프로 표적을 순간적으로 조준하기

스코프는 고배율일수록 시야가 좁아진다. 따라서 육안으로 발견한 표적을 스코프로 조준하면 곧바로 스코프 시야에 들어오지 않을 수 있다. 그래서 두 눈을 뜨고 한쪽 눈은 스코프를 들여다보고 다른 쪽 눈으로는 표적을 직접 보면서 표적에 스코프를 맞춘다. 이렇게 하면 스코프로도 신속하게 표적을 잡아 조준할 수 있다.

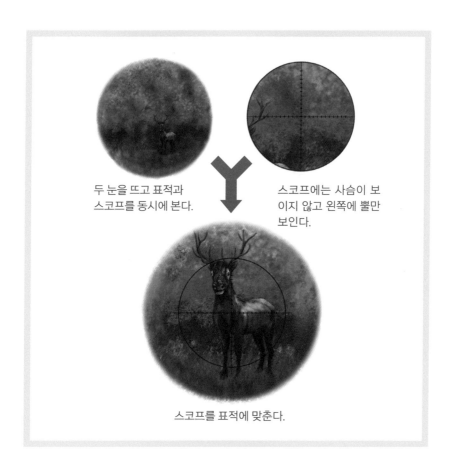

두 눈을 뜨고 표적과
스코프를 동시에 본다.

스코프에는 사슴이 보
이지 않고 왼쪽에 뿔만
보인다.

스코프를 표적에 맞춘다.

3-04 저가품과 고가품의 차이

총보다 비싼 스코프를 선택하는 것이 이상적

스코프는 렌즈 지름이나 배율 같은 사양이 같아도 가격이 천차만별이다. 어떤 차이가 있을까? 몇만 원짜리 중국산 스코프를 사용해 본 적이 있는데, M1 카빈의 가벼운 발사 충격조차 견디지 못하고 수백 발을 쏘니 렌즈가 빠져 덜컹거렸다. 혹시나 해서 같은 제품을 하나 더 사서 다시 시도했는데 역시나 금방 망가졌다.

선진국 제품이라면 저가 메이커의 스코프라도 이 정도까지 허술하지는 않다. 다만 저가품은 고가품에 비하면 왠지 흐릿하게 보인다. 같은 배율인데도 고급품은 표적에 뚫린 탄흔이 보이지만 저가품은 보이지 않는 식이다. 즉 해상도가 낮다. 일반 망원경도 비슷하다.

특히 저가품은 발사 충격으로 일시적인 오류가 발생할 수 있다는 점에 유의해야 한다. 초저가처럼 렌즈가 빠져 달그락거리는 정도는 아니지만 레티클(reticle) 조절 장치가 충격으로 어긋날 수 있다. 몇 발 쏘고 잘 맞아서 좋아했는데 갑자기 몇 센티미터나 떨어진 곳에 탄착해서 깜짝 놀라기도 한다. 필자도 스코프에 이런 문제가 생길 수 있다는 사실을 몰랐을 때는 사격하다가 갑자기 탄착점이 흔들려서 스코프 마운트를 살펴보거나 기관부와 총상의 장착 나사를 확인한 적이 있다. 결국 이상은 없었고 영문을 몰라서 한동안 고민한 적이 종종 있었다. 지금 생각해 보면 스코프가 싸구려였던 점이 문제였다.

얼마짜리 스코프를 사면 좋을까?

그럼 얼마짜리 스코프를 사면 좋을까? 어떤 메이커가 좋을까? 필자도 그렇게 많은 스코프를 사용해 본 것은 아니기 때문에 한마디로 설명하기 어렵지만, 30만 원 이하는 웬만해선 안 사는 것만 못하다. 자이스(ZEISS), 스와로브스키(SWAROVSKI), 나이트포스(Night Force), 르폴드(Leupold)와 같은 유명 제품도 품질을 반드시 보장한다고는 단언할 수 없다. 다만 어느 선에선 그래도 안심할 수 있다. 가격이 비쌀수록 결함이 생길 가능성은 낮다고 볼 수 있다. 옛날부터 "스코프는 총보다 비싼 걸 고르라."라는 말도 있지만 '총도 돈을 모아서 겨우 샀는데 총보다 비싼 스코프를 사라고?'라는 생각이 들지 모르겠다. 최근에는 비교적 저렴하고 품질이 좋아 보이는 제품도 있으니 주머니 사정을 고려해서 참고 바란다.

저렴한 스코프지만 M16의 발사 충격에는 전혀 문제가 없었다. 그러나 30-06 볼트 액션에서는 사격 중 갑자기 탄착점이 흔들리는 일이 있었다.

두 종류인 스코프의 몸통 지름

1인치와 30mm

스코프의 몸통 지름은 1인치(25.4mm)인 제품과 30mm인 제품이 있다. 스코프는 가능하면 작고 가벼운 게 좋지만, 원거리 저격에서는 몸통 지름이 큰 것이 유리하다. 그래서 지름 30mm 스코프를 장착한 저격총이 많다.

이게 무슨 말인가 하면 먼 거리를 쏘기 위해서는 그만큼 총신을 위로 겨눠야 한다. 즉 총신에 대해 조준선은 아래로 향하게 된다. 그러나 스코프를 아래 방향으로 기울일 수는 없다. 따라서 스코프는 그림과 같이 이중 구조이며 조절 노브를 움직여 이렉터 튜브(erector tube. 내측 튜브)를 작동시킨다. 이 장치로 상하좌우를 조절할 수 있다. 이때 만약 아주 큰 조절이 필요하면 몸통 지름이 작은 1인치로는 원하는 조준이 불가능할 수도 있어서 원거리 저격에는 30mm가 유리하다.

경사진 마운트를 사용해 처음부터 스코프를 약간 아래에 장착하는 방법도 있다. 이렇게 하면 지름이 1인치인 스코프로도 문제가 없어서 무게를 줄이는 이점도 있다. 다만 30mm 스코프가 굵은 만큼 튼튼하다고 할 수 있다.

옛날에는 스코프에 조절 장치가 없어서 마운트로 조절했는데 발사 진동으로 조절값이 달라지는 경우가 많아 사라졌다. 또한 이렉터 튜브 없이 렌즈를 직접 움직이는 형식도 있었다.

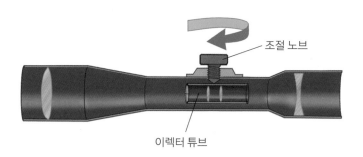

조절 노브

이렉터 튜브

스코프는 이중 구조이며 조절 노브를 돌려 안쪽 이렉터 튜브의 기울기를 조절한
다. 따라서 지름 1인치보다 30mm인 제품의 조절 범위가 더 넓다.

위는 몸통 지름 30mm인 스코프와 마운트 링. 아래는 1인치인 스코프와 마운
트 링.

3-06 고민스러운 렌즈 지름
렌즈 지름이 크면 단점도 있다

스코프 대물렌즈의 지름은 클수록 좋을까? 대물렌즈의 지름은 클수록 빛을 많이 모을 수 있어서 밝게 보인다. 물론 렌즈 품질이 나쁘면 이야기는 달라지지만, 같은 제품으로 비교하면 그렇다. 배율이 높을수록 어두워지는 경향이 있으므로 고배율일수록 대물렌즈의 구경은 커야 좋지만, 총에 장착하는 용도인 만큼 무작정 크기만 해서는 무겁고 불편하다.

또한 대물렌즈의 지름이 커지면 총신에 닿지 않도록 그만큼 장착 위치도 높아야 한다. 즉 스코프와 총신 사이가 크게 멀어진다. 스코프의 위치가 제법 높아도 특정 거리에서 명중하도록 조절할 수는 있다. 다만 스코프와 총신이 많이 떨어질수록 조절한 거리 이외의 거리일 때 사격하면 크게 어긋난다. 그래서 스코프와 총신은 가까울수록 좋다. 그렇지만 렌즈 지름은 클수록 좋다. 어느 선에서 타협할지 고민스러운 부분이다.

스코프가 무거우면 당연히 총도 무거워지는데 무엇보다 총을 가지고 걸을 때의 균형이 나빠서 금방 지친다. 또한 무거운 스코프는 그만큼 튼튼해서 잘 깨지지 않을 것으로 생각하지만 반드시 그렇지는 않다. 무거운 사람과 가벼운 사람이 같은 높이에서 뛰어내렸을 때 무거운 사람이 다치기 쉬운 것과 같다. 되도록 작고 가벼운 스코프가 좋다. 여기에 밝고 해상력이 좋으며 세팅값이 바뀌지 않는다면 최고다. 그런데 과연 이 모든 항목을 만족하는 제품이 있을까 싶다. 역시 유명 제조사의 제품이 품질 면에서 뛰어나다.

다양한 지름의 스코프 렌즈

레티클은 어떤 모양이 좋은가?

스코프 렌즈에 표시된 선

조준을 위해 스코프 렌즈에 새긴 십자 모양의 선을 레티클이라고 한다. 십자 모양의 선은 크로스헤어(crosshair)라고도 하는데, 옛날에는 정말로 머리카락을 붙였기 때문에 생긴 이름이다. 그 후 아주 가는 금속선을 사용했다가 유리 표면에 에칭 가공으로 새겨 넣었다. 이 덕분에 단순한 십자선이 아닌 다양한 모양의 레티클을 새겨 넣을 수 있다.

십자선을 자세히 살펴보면 가는 선과 굵은 선으로 구분돼 있다. 선이 가늘면 어두울 때 좀처럼 보이지 않는다. 어둑한 숲속의 사냥감은 물론이고, 사격장의 표적도 정확히 십자선 중심에 조준했는지 가늠하기 힘들다. 이렇게 가느다란 크로스헤어를 파인 크로스헤어(fine crosshair)라고 한다.

십자선을 굵게 넣고 중심 부근만 가늘게 만든 것을 멀티엑스(multi-x), 듀플렉스(duplex crosshair)라고도 한다. 또한 십자선의 위와 좌우 선은 지우고 아래 선만 굵게 표시한 포스트(post), 십자선의 위는 지우고 좌우 선을 가늘게 한 다음 중심부를 떨어뜨린 저먼 포스트(german post)도 있다. 저먼 포스트는 사냥에 효과적이라는 평가를 받고 있다.

십자선의 중심에 점(dot)을 넣은 크로스 앤드 도트(cross & dot)도 있다. 작은 점이지만 조준이 상당히 쉬워진다. 점이 아닌 작은 원을 넣은 크로스 앤드 서클(cross & circle)도 있다. 어두운 환경에서도 문제없도록 전지를 사용하거나 축광식으로 전지 없이 빛을 발하는 레티클도 있다.

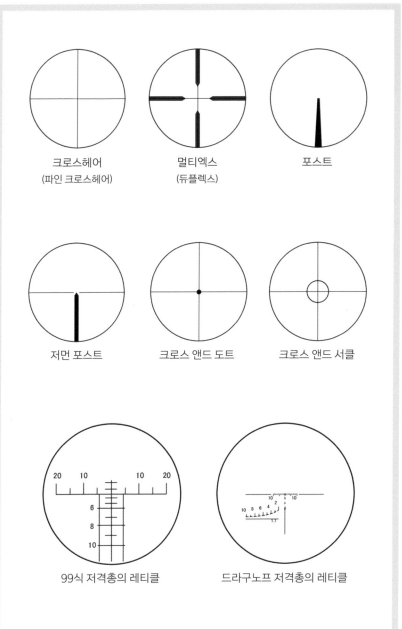

크로스헤어
(파인 크로스헤어)

멀티엑스
(듀플렉스)

포스트

저먼 포스트

크로스 앤드 도트

크로스 앤드 서클

99식 저격총의 레티클

드라구노프 저격총의 레티클

가느다란 크로스헤어(파인 크로스헤어)는 어두우면 잘 보이지 않아 표적을 십자선 중심에 맞추기 어렵다. 그래서 다양한 개량형이 등장했다.

3-08 밀과 밀도트란?

거리 판정에 도움이 되는 밀도트가 들어간 레티클

밀(MIL)은 군대에서 사용하는 각도 단위다. 일반적으로 원둘레는 360분의 1로 나눠서 1°라도 표현하지만, 군대에서는 원둘레를 6,400분의 1로 나누고 1밀이라고 표현한다. 1°는 17.8밀이고 1밀은 0.0573°다. 이런 단위를 쓰는 이유는 1,000m 떨어진 곳에서 폭 1m짜리 표적을 봤을 때의 각도가 1밀이기 때문이다.

예를 들어 적군 병사가 한 명 서 있다고 하자. 스코프로 보니 어깨 폭이 가로 도트(눈금)로 1밀이었다. 어깨너비를 약 50cm로 추정했을 때 폭 50cm짜리 표적이 1밀로 보인다는 것은 적병과의 거리가 500m라는 계산이 나온다.

총에 장착된 스코프는 300m에서 제로인(zero-in. 특정 거리에서 표적 중심을 겨냥해 쐈을 때 명중하도록 조준기를 조절하는 것. 4-04 참고)돼 있다고 하자. 이 총으로 500m 거리의 표적을 쏘면 탄환은 약 1m 낙하하기 때문에 1m 정도 위를 노려야 한다. 그렇다면 스코프의 중심에서 세로 도트로 2밀 아래의 도트에 표적을 맞춰 조준하면 된다.

조금 더 예를 들면, 적병의 머리(정수리부터 턱까지)가 세로 도트로 봐서 1밀보다 약간 크다면 적병과의 거리는 약 200m이고 1밀보다 약간 작다면 약 300m다. 키가 2밀이면 적병과의 거리는 약 800~900m라고 계산할 수 있다. 이것이 밀도트 스코프의 사용법이다.

가로 방향도 중요하다. 탄도에는 횡편류(옆으로 흐르는 것)도 있기 때문이다. 7.62mm NATO탄은 1,000m에서 60cm 오른쪽으로 편류한다. 그래서 1,000m 거리의 표적을 쏠 때는 표적의 0.6m 왼쪽을 겨냥한다.

한편 미국에서는 거리 단위로 야드를 사용하므로 밀을 1,000야드 거리에서 폭 1야드인 표적을 봤을 때의 각도라고도 정의한다. 독일군은 슈트리히(strich)라고 했다. 구 일본군에서는 '밀위'(密位)라는 한자로 표기했으며 중국군은 지금도 밀위라고 한다.

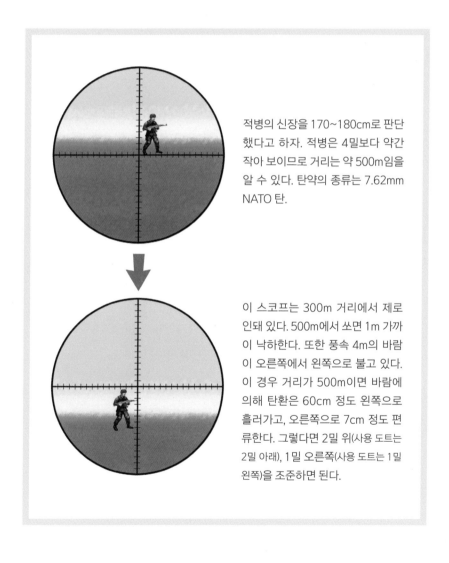

적병의 신장을 170~180cm로 판단했다고 하자. 적병은 4밀보다 약간 작아 보이므로 거리는 약 500m임을 알 수 있다. 탄약의 종류는 7.62mm NATO 탄.

이 스코프는 300m 거리에서 제로인돼 있다. 500m에서 쏘면 1m 가까이 낙하한다. 또한 풍속 4m의 바람이 오른쪽에서 왼쪽으로 불고 있다. 이 경우 거리가 500m이면 바람에 의해 탄환은 60cm 정도 왼쪽으로 흘러가고, 오른쪽으로 7cm 정도 편류한다. 그렇다면 2밀 위(사용 도트는 2밀 아래), 1밀 오른쪽(사용 도트는 1밀 왼쪽)을 조준하면 된다.

3-09 M·O·A란?

미니트 오브 앵글＝60분의 1°

M·O·A는 미니트 오브 앵글(Minute Of Angle)의 약자로 1°의 60분의 1에 해당하는 각도다. 이는 100m 거리에서 29mm 표적을 봤을 때의 폭이다. 알기 쉽게 30mm(3cm)라고 생각하자.

미국에서는 '100야드(91m) 거리에서 1인치 폭의 표적을 봤을 때의 각도'다. 정확히 말하면 1인치가 아니라 1.047인치이지만 편의상 1인치로 본다. 총의 명중 정밀도를 말할 때 미국의 문헌에는 '1/2M·O·A 정밀도'라는 식으로 적혀 있는 것을 흔히 볼 수 있다. 이는 '100야드 거리에서 2분의 1인치(12.7mm)'라는 뜻이다.

M·O·A로 눈금을 새긴 스코프도 있다. 원래 대부분의 스코프 조절 노브는 '1클릭에 1/4M·O·A'와 같이 M·O·A 단위로 만들어졌기 때문에 레티클의 눈금도 M·O·A가 좋다고 여기는 사람도 많다.

적군 병사의 머리가 7~8M·O·A라면 약 100m, 2M·O·A라면 400m, 또 키가 10M·O·A라면 약 600m 거리인 셈이다. 그리고 7.62mm 탄은 1,000m에서 2M·O·A의 편류가 생긴다.

스코프의 레티클 눈금으로 거리를 판단하거나 거리에 따라 조준점을 수정하기 위해 다양한 아이디어가 레티클에 반영되고 있다. 하지만 너무 복잡하면 불편할 수밖에 없다. 이런 의미에서 실제 전쟁터나 사냥터에서 사용하기에는 많은 생각을 하지 않아도 되는 밀이나 M·O·A 눈금이 실용적이다.

스코프의 조절 노브에 '1CLICK 1/4M.O.A'라고 적혀 있다.

밀

100m 거리에서 10cm의 표적을 봤을 때의
각도(100야드 거리에서 3.6인치)

10cm

M·O·A

100m 거리에서 3cm의 표적을 봤을 때의
각도(100야드 거리에서 1인치)

3cm

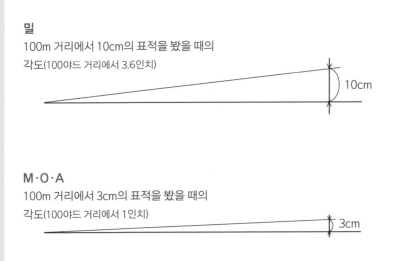

3-10 사출동공 지름은 얼마가 좋은가?

스코프의 사출동공 지름은 사람의 눈동자 지름보다 커야 한다

스코프로 조준할 때, 접안렌즈와 눈 사이의 거리가 5~8cm 떨어져 있어야 가장 초점이 잘 맞고 표적이 깨끗이 보인다. 이 거리를 '아이 릴리프'(eye relief)라고 한다. 이 위치에서 눈을 멀리 두면 접안렌즈가 어두워지고 밝은 부분이 줄어든다. 무한정 줄지는 않고 몇 mm 정도까지는 밝게 보인다.

빛이 내리쬐는 방향으로 대물렌즈를 맞추고 종이에 비춰 새어 나오는 빛을 보면 그 크기를 알 수 있는데 이것을 사출동공(射出瞳孔) 지름이라고 한다. 이는 대물렌즈의 유효 지름을 배율로 나눈 수치인데 배율이 높을수록 작아지고 대물렌즈가 클수록 커진다. 그래서 줌 스코프의 배율을 바꾸면서 사출동공 지름을 관찰해 보면 배율의 고저에 따라 사출동공 지름이 커지고 작아지는 것을 알 수 있다.

스코프의 사출동공 지름은 사람의 눈동자 지름보다 다소 커야 하는데, 그렇지 않으면 총을 겨눴을 때 자신의 눈으로 스코프의 중심을 찾아야 한다. 사람의 눈동자 크기는 주위의 밝기나 심리 상태에 따라서 다르지만 대체로 낮에는 3mm 내외이고 밤에는 7~8mm 내외다. 스코프에 눈을 갖다 댄 순간 바로 표적을 파악하려면 사출동공 지름이 7~8mm 정도가 적절해 보이지만, 사출동공 지름은 대물렌즈의 지름과 배율로 정해진다. 게다가 총에 장착해야 하므로 무작정 큰 대물렌즈를 사용할 수는 없다. 아무리 고성능이라고 해도 배율이 높고 사출동공 지름도 큰 스코프는 없다. 따라서 배율보다는 해상도가 중요하다.

검은 종이를 놓고 스코프를 빛이 들어오는 방향에 둔다. 그리고 눈이 위치하는 거리(5~8cm)로 맞추면 '사출동공 지름'을 알 수 있다.

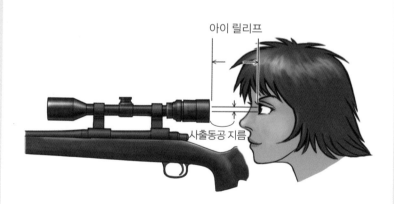

아이 릴리프

사출동공 지름

스코프는 눈에서 5~8cm 떨어진 거리에서 초점이 맞도록 설계돼 있다. 너무 가까우면 사격 시 반동으로 스코프가 눈에 부딪히기 때문이다. 이 거리를 '아이 릴리프'라고 한다.

3-11 패럴랙스와 포커스
초점이 맞지 않으면 조준에 오차가 생긴다

패럴랙스(parallax. 시차)란 일안 리플렉스가 아닌 카메라에서 파인더와 렌즈 사이의 어긋남을 의미한다. 분명히 파인더를 들여다보면서 피사체의 얼굴을 외곽틀에 꽉 차게 촬영했는데 실제로 나온 사진을 보면 얼굴의 가장자리가 잘린 경우가 있다. 이런 차이는 '총신의 축선'과 '스코프의 광축' 사이에도 존재한다.

스코프를 들여다봤을 때 표적이 선명하다고 해서 포커스(focus. 초점)가 맞았다고 방심해서는 안 된다. 표적 중심에 레티클 중심을 정확히 맞춘 상태에서 총을 고정하고 눈만 살짝 틀어보자. 포커스가 제대로 맞지 않으면 표적 중심이 레티클 중심에서 어긋나 보인다.

이것이 스코프의 패럴랙스다. 패럴랙스가 있는 상태에서는 아무리 정확하게 레티클을 표적에 맞춰도 정확한 조준이 아니기 때문에 패럴랙스가 없도록 초점을 조절해야 한다.

고정 배율이면 대개 접안렌즈 쪽에 포커스를 조절하는 링이 있지만, 줌스코프는 접안렌즈 쪽에 배율을 조절하는 링이 있다. 여기에 포커스를 조절하는 장치를 통합하기는 무리다. 이런 이유로 대물렌즈 쪽을 돌리는 프런트 포커스가 많은데, 손을 상당히 앞으로 뻗어서 돌려야 하므로 최근에는 사이드 포커스가 점점 많아지는 추세다.

정확히 조준한 것으로 보이지만 포커스가 어긋날 수 있다.

눈의 위치를 살짝 틀어서 보면 표적이 어긋나 보인다.

포커스 링

리어 포커스

포커스 링

프런트 포커스

포커스 링

사이드 포커스

3-12 스코프에 다는 캡

선셰이드와 허니콤도 달자

스코프를 사면 보통 렌즈를 보호하기 위한 캡(cap)도 함께 들어 있다. 반투명 캡도 있는데 갑자기 표적이 출몰해도 캡이 끼워진 채로 겨냥할 수 있어 편리하다. 캡은 잃어버리기 쉬우므로 캡에 달린 고무줄을 스코프의 몸체에 묶어두면 좋다.

그러나 사냥꾼과 저격수 대부분은 이런 캡을 사용하지 않고 별도로 판매하는 버틀러 캡(butler cap)을 사용한다. 버틀러 캡은 오른쪽 그림과 같이 총을 겨눈 채 손가락 끝으로 조금 누르면 열린다. 렌즈 보호와 빛 반사 방지를 위해 스코프의 대물렌즈 쪽에 선셰이드(sunshade)를 끼우는 경우가 있다. 거기에 버틀러 캡을 장착하기도 한다.

스코프의 렌즈는 빛 반사가 잘 일어난다. 목표물을 향해 총을 겨눴을 때 스코프가 반짝하고 빛을 반사하면 적이나 동물에게 자신의 위치가 노출되고 만다. 선셰이드를 끼우면 빛이 반사되는 각도가 한정되므로 정면에서 오는 빛이 아니고는 대부분 빛 반사를 막을 수 있다. 좀 더 철저하게 빛 반사를 막으려고 선셰이드 안에 허니콤(honeycomb)을 넣기도 한다. 자연광뿐만 아니라 저격병이 숨어 있을 법한 장소를 적이 레이저로 스캐닝하는 경우에도 정면에서 오는 빛만 아니면 레이저 빛이 눈에 들어오거나 스코프가 레이저 빛을 반사하는 것을 현저히 줄여준다.

스코프를 구입하면 딸려오는 캡은 잊어버리기 쉬우므로 스코프에 끈으로 묶어두면 좋다.

많은 사냥꾼이나 저격수는 별도 판매하는 버틀러 캡으로 교체한다. 총을 든 채 손가락을 펴고 눌러주면 열린다.

선셰이드

허니콤

햇빛이나 레이저 빛의 반사를 막기 위해 선셰이드나 허니콤을 끼운다.

스포팅 스코프란?

제2차 세계대전 무렵에는 저격병이 단독으로 행동했지만, 오늘날 저격병은 저격수와 관측수가 2인 1조로 움직인다. 관측수는 작은 삼각대가 달린 망원경을 가지고 있다. (쌍안경을 사용하기도 한다.) 사격장에서 표적의 탄흔을 관측하는 용도라서 스포팅(spotting) 스코프라고 부른다.

이 스코프는 높은 배율과 밝은 렌즈를 이용해 표적을 발견하거나 감시하는 데 사용한다. 가장 중요한 임무는 착탄이 일어나는 순간을 확인하는 일이다. 총은 발사되는 순간에 반동으로 튀어 오른다. 그렇기에 사수 자신은 명중되는 순간을 지켜보기 힘들다. 그래서 관측수가 명중 여부를 확인한다.

오늘날에는 저격 후에 관측수가 표적 적중 여부를 확인한다. (사진 : 미국 공군)

스코프 장착과
영점조준

스코프를 장착하는 것만으로는 저격할 때 본래 성능을 발휘할 수 없다. 이 장에서는 스코프의 올바른 장착법, 표적에 정확하게 맞히기 위한 영점 조준법, 원거리 사격에서 주의할 점 등을 설명한다.

4-01 스코프 마운트란?

다양한 마운트가 있다

스코프 마운트는 특수한 것까지 포함하면 종류가 굉장히 많고, 특정 총에만 사용할 수 있는 전용 마운트도 다양하다. 대개 오른쪽 그림과 같이 베이스와 링으로 구성된다. 베이스와 링을 세트로 팔지만, 보통 각각 판매한다. 최근에는 기관부의 윗면이 마운트 베이스가 되는 총도 많다.

가장 많이 보급된 마운트는 피카티니 레일(picatinny rail)이다. 미군이 제식 채용하기 이전부터 민간에서 사냥총용으로 널리 보급됐던 위버(Weaver) 마운트를 군용으로 규격화한 것이다. 베이스에는 폭 10mm와 20mm가 있는데 10mm는 공기 소총용이다. 스코프를 장착하는 링도 당연히 10mm 베이스에 대응하는 것과 20mm 베이스에 대응하는 것, 몸통 지름 1인치인 스코프용과 몸통 지름 30mm인 스코프용이 있다. 이뿐만 아니라 높이도 여러 가지다.

베이스 장착 시, 설치용 나사 구멍이 없는 총도 있다. 이런 경우에는 드릴로 구멍을 뚫어야 한다. 이외에 장착 방법을 여러모로 궁리하지 않으면 안 되는 다소 애매한 총도 있지만, 대부분은 큰 무리 없이 장착할 수 있다. 베이스를 나사로만 고정하면 발사할 때 충격으로 바로 느슨해지므로 접착제도 함께 사용한다. 나사보다는 접착제의 역할이 크다.

마운트 베이스는 한 번 붙이면 보통 떼지 않기 때문에 강력한 에폭시 계열의 접착제로 단단히 고정하지만, 분리가 쉽도록 중강도 록타이트(112쪽 참고)를 사용하기도 한다.

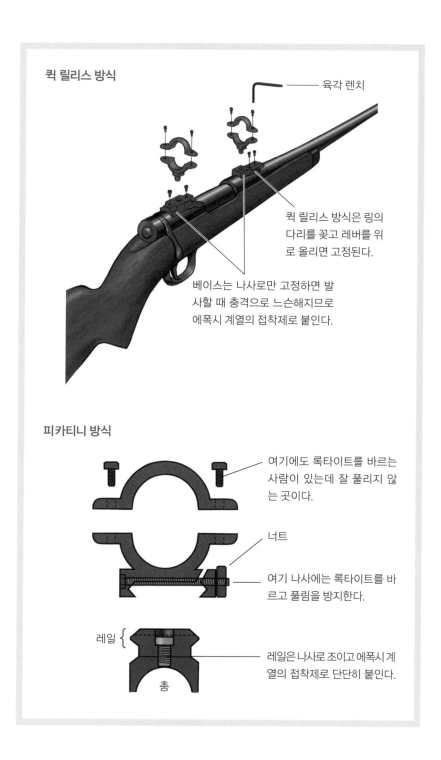

퀵 릴리스 방식

육각 렌치

퀵 릴리스 방식은 링의 다리를 꽂고 레버를 위로 올리면 고정된다.

베이스는 나사로만 고정하면 발사할 때 충격으로 느슨해지므로 에폭시 계열의 접착제로 붙인다.

피카티니 방식

여기에도 록타이트를 바르는 사람이 있는데 잘 풀리지 않는 곳이다.

너트

여기 나사에는 록타이트를 바르고 풀림을 방지한다.

레일 {

레일은 나사로 조이고 에폭시 계열의 접착제로 단단히 붙인다.

총

4-02 스코프를 장착하기 전에 해야 할 일

링의 안쪽 면과 스코프의 체결부를 확인한다

오른쪽 위에 있는 스코프 사진을 보자. 오른쪽 아래 그림과 같이 마운트 링이 기울어져 있음을 알지 못한 채 스코프를 장착했는데, 매그넘 소총의 강렬한 반동 때문에 스코프가 마운트 링 안에서 밀리자 스코프 몸체에 흠집이 생겼다.

이런 일이 없도록 베이스에 링의 아랫부분을 장착하고, 스코프의 링이 체결되는 부분에 광명단(빨간색 안료)을 발라 체결 상태를 확인하는 게 좋다. 만일 체결부가 딱 맞게 체결되지 않으면 연마제를 발라 스코프의 몸통 지름과 동일한 지름의 막대기로 문질러 링 쪽을 연마한다. 그러나 공업계 교육을 받은 사람이 아니면 광명단을 사용해 체결부를 확인한다는 말이 무슨 말인지 이해하기 쉽지 않다.

그래서 편리한 방법으로 스코프에 왁스를 발라 접착제가 묻지 않도록 하고, 링 쪽에 접착제(에폭시 계열의 금속 퍼티)를 발라 거기에 스코프를 눌러서 체결부를 맞춘다. 접착제가 굳으면 링의 안쪽은 스코프와 완벽히 밀착되는 상태가 된다.

다만 오른쪽 사진과 같은 일이 일어나는 것은 지극히 예외적인 상황이다. 필자조차 한 번도 경험하지 못했다. 대부분은 아무 생각 없이 스코프를 링에 달고, 설치 나사를 균등한 힘으로 조이기만 하면 아무런 문제가 일어나지 않는다.

덧붙여 위쪽의 링을 조이기 전에는 서서쏴, 무릎쏴, 엎드려쏴의 자세를 취해보고 스코프와 자신의 눈이 최적 거리가 되도록 스코프의 전후 위치를 조절한다. 또한 레티클의 세로줄이 수직인지 아닌지도 추를 매단 끈을 겨눠 보고 확인한다. 이런 테스트를 거친 후에 최적의 위치를 확인하고 비로소 체결부에 링을 완전히 조인다.

스코프의 몸체가 마운트 링과 스쳐 흠집이 발생했다.

다소 과장된 그림이지만 마운트 링이 기울어져 있다.

위 그림과 같은 사태를 막기 위해 마운트 링에 퍼티를 발라 보정한다.

4-03 스코프 중심 맞추기

장착 전에 레티클을 제로 위치로 조절한다

대부분 스코프는 조절 노브를 돌려 스코프 내부에 있는 이렉터 튜브의 기울기를 조절할 수 있다. 스코프가 총신 방향과 다소 어긋나 있어도, 이처럼 조절할 수 있어서 문제없다고 생각할 수도 있다.

그런데 명중시키는 데 문제없고 이미지가 크게 왜곡되지 않아도 '렌즈를 기울인다.'라는 것은 광축이 대물렌즈의 중심을 통과하지 않는다는 의미다. 가능한 한 렌즈 중심에 가까운 부분을 사용해야 뒤틀림이 덜하고, 더 좋은 화상을 얻을 수 있다. 스코프는 총신의 방향과 완벽하게 일치시켜 장착하는 것이 좋다.

장착하기 전에는 반드시 이렉터 튜브가 좌우 제로, 상하 제로인 상태인지 확인해야 한다. 그렇지 않으면 실제로는 비스듬한데 똑바로 붙였다고 착각할 수 있다. 이렉터 튜브가 제로 위치에 있는지는 조절 노브를 움직여 끝에서 끝까지 몇 클릭인지 센 뒤에 한가운데에 위치하도록 조절하는 방법과 실제로 스코프를 들여다보고 확인하는 방법이 있다. 실제로 들여다보고 확인하는 방법은 다음과 같다.

❶ V블록에 스코프를 올린다. 먼 곳에 빨간 십자선을 그은 종이를 붙인다. 스코프의 레티클을 빨간 십자선에 맞춘다.

❷ 다음으로 스코프를 180° 회전, 즉 상하가 반대되도록 돌린다. 이때 스코프의 레티클이 정중앙에 위치하면 180°를 돌려도 빨간 십자선과 레티클 선이 일치한다. 그렇지 않고 어긋나면 레티클이 중심에서 어긋났다는 뜻이다.

❸ 어긋났다면 스코프의 조절 노브를 돌려 어긋난 양의 절반만큼만 레티클을 빨간 십자선 쪽으로 움직인다.

❹ 다시 스코프를 180° 돌려서, 즉 원래 상태로 해서 빨간 십자선을 조준하면 레티클이 빨간 십자선에 일치할 것이다. 만약 조금 어긋나 보이면 다시 조절 노브를 돌려 어긋난 양의 절반만큼만 레티클을 움직이고, 또다시 180° 돌려 선을 조준해 본다. 상하에 대해서도 같은 방식으로 실시한다.

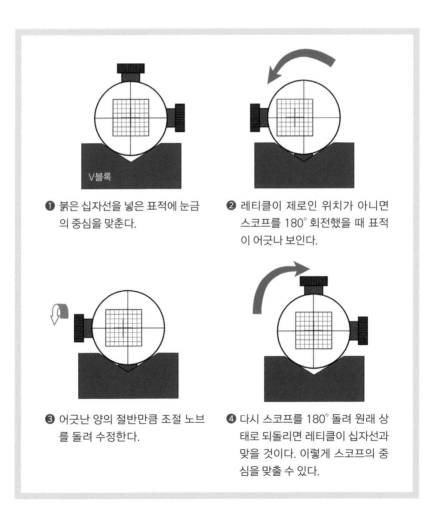

❶ 붉은 십자선을 넣은 표적에 눈금의 중심을 맞춘다.

❷ 레티클이 제로인 위치가 아니면 스코프를 180° 회전했을 때 표적이 어긋나 보인다.

❸ 어긋난 양의 절반만큼 조절 노브를 돌려 수정한다.

❹ 다시 스코프를 180° 돌려 원래 상태로 되돌리면 레티클이 십자선과 맞을 것이다. 이렇게 스코프의 중심을 맞출 수 있다.

4-04 총강조준의 의의
총강을 통해 표적을 들여다보다

발사된 탄환은 중력의 영향으로 낙하한다. 미미한 수준이지만 편류도 작용한다. 그래서 특정 거리에서 명중되도록 세팅해도 거리가 변하면 탄착점도 변한다. 사수의 눈 상태가 다르고, 체격별로 총의 반동이 미치는 영향도 다르다. 같은 총이라고 해도 다른 사람이 쏘면 미묘하게 탄착점이 변한다.

특정 거리에서 표적 중심을 조준하고 명중하도록 조준기를 조절하는 것을 영점조준이라고 한다. 제로인, 제로 사이트 세팅(zero sight setting)이라고도 부른다. 영점조준은 실제로 사격해 봐야 가능하다. 다만 예를 들어 300m 거리에서 영점조준을 하고 싶어도 처음부터 300m 거리에서 사격하지 말고 우선은 25m 거리부터 시험 발사해 보기를 권한다. 스코프가 크게 어긋난 경우에 먼 거리의 표적을 쏘면 표적지에 탄환이 들어가지 않을 수도 있기 때문이다.

가능하면 실제 사격에 들어가기 전에 총강조준(bore-sighting)을 해보는 게 좋다. 오른쪽 그림과 같이 노리쇠를 빼고 총강을 통해 표적을 조준한다. 이 상태에서 총을 고정하고 스코프를 들여다본다. 스코프 중심에 표적이 보이면 총신 방향과 스코프 중심선이 일치하므로 이 상태에서 쏘면 탄환이 표적지에서 벗어나는 일은 없다. 볼트 액션총이면 노리쇠를 제거하고 총강조준을 할 수 있지만, 구조상 불가능한 총도 있다. 이때는 탄피 모양의 레이저 포인터를 사용하거나 총신에 꽂는 레이저 포인터를 쓴다.

총강조준이란?

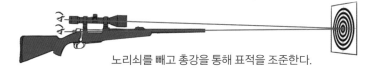

노리쇠를 빼고 총강을 통해 표적을 조준한다.

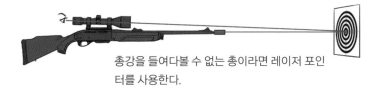

총강을 들여다볼 수 없는 총이라면 레이저 포인
터를 사용한다.

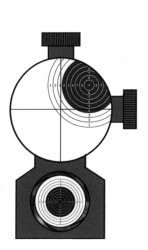

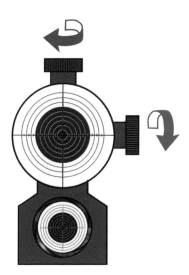

총강을 통해 표적을 조준한다. 그리고
스코프를 들여다봤을 때 표적이 스코
프의 중심에 없으면…

조절 노브를 돌려 중심에 맞춘다.

4-05 영점조준 방법

총강조준 후에 실제 사격으로 조절한다

총이나 탄약의 종류에 따라 다소 다르지만, 일반적인 보병총이나 사냥총은 다음과 같은 탄도를 그린다. 300m 거리에서 명중하도록 세팅하면 스코프보다 몇 센티미터 아래에 있는 총신에서 발사된 탄환은 25m 전후에서 스코프의 높이까지 상승하고, 100여 m의 거리에서 20cm 가까이 상승한 후 300m에서 다시 스코프의 높이까지 낙하하는 포물선 탄도를 그린다. 그래서 25m에서 영점조준한 총은 300m 거리에서 거의 표적지 중심에 명중된다. 탄피 모양 혹은 총구 삽입식 레이저 포인터로 총강조준을 하는 경우도 25m에서 레이저 빛이 표적의 중심에 오도록 조절한다.

총강조준을 한 후에는 실제로 사격을 해본다. 표적 중심에서 어긋난 곳에 탄흔이 생기면 표적과 스코프의 중심을 서로 맞춘 상태에서 총을 고정한다. 총이 움직이지 않도록 고정하려면 건 바이스(gun vise)라는 전용 공구가 있으면 좋지만 없으면 모래주머니나 벽돌, 나무토막 등을 이용하는 것도 방법이다. 총포상에 가면 다양한 유형의 제품이 있는데 공방에서 직접 만드는 사람도 적지 않다. 양각대(bipot)가 달린 총이면 총상의 뒤쪽에만 판을 여러 겹 깔고 높이를 조절하기도 한다.

표적 중심을 정확히 조준하고 총을 고정했다면, 스코프의 조절 노브를 움직여 레티클을 탄흔(평균 탄착점. 4-06 참고) 쪽으로 움직여(총이 움직이지 않도록 주의) 탄흔과 겹치도록 맞춘다. 이렇게 조절한 스코프로 표적 중심을 조준해서 사격하면 표적 중심에 구멍을 낼 수 있다.

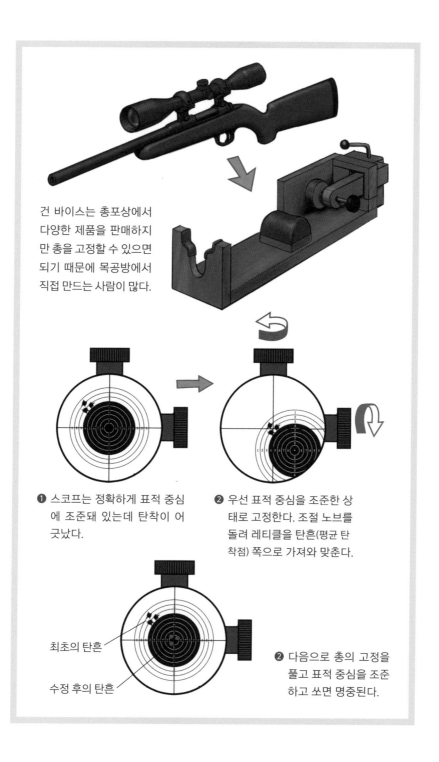

건 바이스는 총포상에서 다양한 제품을 판매하지만 총을 고정할 수 있으면 되기 때문에 목공방에서 직접 만드는 사람이 많다.

❶ 스코프는 정확하게 표적 중심에 조준돼 있는데 탄착이 어긋났다.

❷ 우선 표적 중심을 조준한 상태로 고정한다. 조절 노브를 돌려 레티클을 탄흔(평균 탄착점) 쪽으로 가져와 맞춘다.

최초의 탄흔

수정 후의 탄흔

❷ 다음으로 총의 고정을 풀고 표적 중심을 조준하고 쏘면 명중된다.

4-06 탄착 관측과 평균 탄착점

싸구려 60배율보다 고가품 10배율이 더 잘 보인다

총에 붙은 스코프의 배율이 10배 정도면 100m 거리의 탄흔을 확인할 수 있는데, 사냥총에 장착된 일반적인 스코프는 배율이 대개 3~4배 정도다. 이래서는 원활한 탄흔 확인이 불가능하며 따로 망원경이 필요하다. 전문 저격팀의 관측수가 사용하는 스포팅 스코프까지는 아니더라도 삼각대가 달린 탐조용 망원경이라면 저렴하게 살 수 있다. 하지만 싸구려는 해상도가 낮다. 60배율의 싸구려보다 저격총에 붙어 있는 고급 10배율 스코프가 더 잘 보이기도 한다.

300m 정도 떨어진 거리에서는 좋은 망원경을 사용해도 좀처럼 탄흔이 보이지 않는다. 사격장에 따라서는 카메라를 설치해 놓고 TV 화면으로 볼 수 있는 곳도 있다. 자위대의 300m 실내 사격장에는 표적 아래에 탄환이 발생시키는 충격파를 검지하는 센서가 있어 탄착점을 컴퓨터 화면에 표시하기도 한다. 더 멀리 쏜다면 다른 관측 수단이 필요한데 근본적인 방법으로 표적 근처에 관측원을 배치해서 탄흔 구멍을 표시하거나 전화로 탄착 위치를 알려줄 수 있다.

탄흔 구멍을 표시하는 방법은 이렇다. 작고 둥근 판의 중심에 구멍을 뚫고, 헤어핀 모양의 철사를 붙여 탄흔 구멍에 건다. 이러면 멀리서도 잘 보인다. 다른 방법도 있다. 탄착점을 나타내는 원판을 긴 막대 끝에 붙여 탄흔 위치를 알리는 것이다. 아무리 조준을 잘해도 탄착은 어느 정도 어긋나기 때문에 평균 탄착점이 표적 중심이 되도록 조절한다.

평균 탄착점 구하는 법

첫 번째 탄환과 두 번째 탄환의 탄흔을 이은 선의 중심점에서 세 번째 탄환의 탄흔까지 선을 긋고, 그 선을 삼등분해 점을 찍는다. 이때 첫 번째와 두 번째를 이은 선에 가까운 점이 평균 탄착점이다.

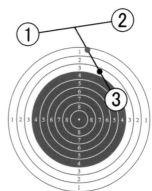

● 평균 탄착점

사수 a

평균 탄착점이 상당히 위다. 이런 경우에는 가늠자를 내린다. 좌우는 오른쪽으로 살짝 어긋나 있으므로 가늠자를 조금 왼쪽으로 조절한다.

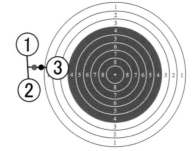

사수 b

탄착군이 잘 형성됐지만 영점이 왼쪽으로 크게 어긋나 있어 가늠자를 오른쪽으로 수정한다.

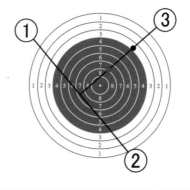

사수 c

평균 탄착점은 거의 중앙이지만 사수의 실력이 나빠서 탄흔의 편차가 크다. 먼저 탄착군이 좁게 형성되도록 연습을 충분히 해야 한다.

원거리 사격의 탄도 ①
거리에 따른 탄도의 상하 움직임 이해하기

당신이 저격총을 가지고 있다면 300m보다 더 먼 거리를 조준해서 쏘는 일을 해야 할지도 모른다. 그럼 400m에서 영점을 잡았다면 탄도의 움직임은 어떨까?

400m에서 영점을 잡았다면 탄도의 정점은 약 200m 지점에서 높이가 34cm 정도 된다. 만약 200m나 300m에서 적병이 참호 위로 몸을 내밀고 있는데 가슴부터 보인다면 참호 끝 가장자리를 노려야 머리에 명중시킬 수 있다. 400m에서 영점이 잡힌 총으로 500m 거리의 표적을 명중시키려면 50cm 정도 위를 노려야 한다. 600m 거리면 115cm 정도 위를 노려야 한다.

반대로 먼 거리에서 영점조준한 총으로 가까운 표적을 쏠 경우에는 아래를 노려야 한다. 예를 들어 600m 거리에서 영점조준한 총으로 200m 거리의 표적을 쏜다면 112cm 아래, 500m에서 영점조준한 총으로 200m 거리를 쏜다면 74cm 아래를 노려야 한다. 표적(적병)이 자신에게 가까우면 가까울수록 생각할 수 있는 시간이 짧기에 순간적으로 얼마나 아래를 노릴지 판단해야 한다. 600m 거리도 문제없다며 호언장담한 저격병이 200m 거리의 표적도 못 맞히면 망신이다.

1,000m 거리를 쏘면 탄도의 정점은 4.5m 정도이고 1,200m 거리를 쏘면 8m 가까이 된다. 만약 그런 거리에서 영점을 잡으면 중간 거리의 표적에는 거의 대응할 수 없다. 이는 관측수가 돌격소총을 가지고 있는 이유이

기도 하다. 덧붙여 일반적인 소총 스코프로는 조정 범위를 넘어서는 거리이기 때문에 약간 아래 방향으로 기울어지는 마운트도 고려해야 한다.

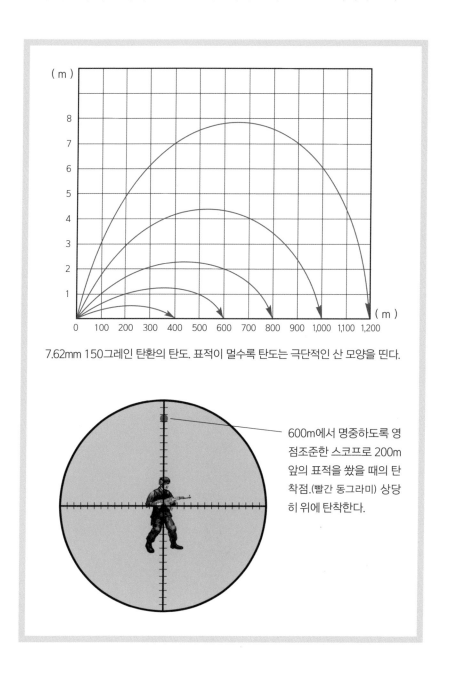

7.62mm 150그레인 탄환의 탄도. 표적이 멀수록 탄도는 극단적인 산 모양을 띤다.

600m에서 명중하도록 영점조준한 스코프로 200m 앞의 표적을 쐈을 때의 탄착점.(빨간 동그라미) 상당히 위에 탄착한다.

4-08 원거리 사격의 탄도 ②

편류를 고려해야 한다

아무리 정밀도가 높은 소총이라도 스코프를 300m 이상의 거리에서 조정하는 것은 사격 경험을 충분히 쌓은 뒤에 천천히 해보는 게 좋다. 1,000m 거리에서 영점을 잡는다는 것은 특수 임무를 위한 예외적인 경우이지 아무리 솜씨 좋은 저격수도 일반적으로는 500m 안팎의 거리에서 영점을 잡는다.

한편 탄환의 속도가 800m/s라고 해서 800m 전방의 표적까지 1초에 도달하는 것은 아니다. 공기저항으로 속도가 떨어질 뿐만 아니라 탄환은 어느 정도 위쪽으로 발사돼 포물선을 그리며 날기 때문에 800m 거리의 표적에 도달하려면 탄도의 정점은 2.4m나 된다. 그러므로 당연히 탄환이 공기를 가르고 날아가는 거리는 800m보다 길다.

이로 인해 800m 앞의 표적에 도달하려면 1.6초 정도의 시간이 걸린다. 1,000m 앞의 표적을 쏘면 탄도의 정점은 4~5m 남짓이고 도달하려면 약 2초나 걸린다. 소총탄은 보통 3km 정도 날아가는데 그 정도의 거리를 쏘면 탄도의 정점은 400m 가까운 높이가 되고 날아가는 시간도 17초를 넘는다.

탄환은 중력으로 인해 낙하하는데 이때 아래쪽에서 풍압의 영향을 받는다. 탄환은 회전하기 때문에 회전체에 힘을 가하면 그 힘은 90° 어긋난 방향으로 작용하고, 그에 따라 탄환은 옆으로 흐른다. 이를 편류(偏流)라고 한다. 대부분 강선은 우회전하기 때문에 탄환도 오른쪽으로 흐른다. 600m 거리면 20cm 정도, 1,000m 거리면 60cm 정도 편류가 생긴다. 3km 거리면 무려 40m가 넘는다. 원거리 사격이라면 거리에 따른 상하의 움직임뿐만 아니라 편류도 고려해서 조준해야 한다.

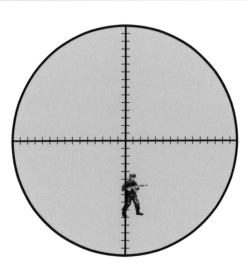

300m에서 탄착하도록 영점조준한 스코프로 600m 앞의 표적을 쏠 때의 조준점. 표적보다 3m가량 위를 조준한다.

7.62mm 150그레인 탄환의 편류

사거리(m)	편류(cm)
100	–
200	1
300	2
400	4
500	7
600	12
700	19
800	29
1000	62

4-09 원거리 사격에 적합한 탄약

기본적으로는 고속탄이어야 한다

탄환은 아무리 고속으로 발사해도 중력에 의해 $9.8m/s^2$으로 낙하한다. 고속탄이든 저속탄이든 1초에 떨어지는 거리는 똑같지만 고속이면 표적에 도달하는 시간이 짧으므로 낙하량도 적다. 따라서 탄도의 포물선은 평평해지며 거리 판단 오차에 따른 탄착의 상하 오차가 적고 편류의 영향도 적다.

그러나 초속이 빠르다고 해서 반드시 표적에 빨리 도달하는 것은 아니라는 점에 유의해야 한다. 예를 들어 구경 7.62mm인 110그레인(7.13g)의 탄환과 같은 구경이지만 공기저항이 적은 보트 테일(boat tail)형 180그레인(11.6g)의 탄환을 똑같이 약 3g의 화약으로 발사했다고 하자. (물론 화약량이 같다고 해도 가벼운 탄환은 연소 속도가 빠른 화약, 무거운 탄환에는 연소 속도가 느린 화약을 사용해야 한다.) 이때 가벼운 110그레인의 탄환은 1,000m/s의 초속을 낼 수 있지만 무거운 180그레인의 탄환은 속도가 757m/s밖에 나오지 않는다. 그러나 지름이 같고 가벼운 110그레인의 탄환은 공기저항에 의한 속도 저하가 커서 500야드(457m) 지점에 도달하는 데 0.9초가 걸린다. 반면 무거운 180그레인의 보트 테일형 탄환은 초속이 느리지만 500야드 지점에 0.7초면 도달한다.

이런 예는 많다. M16의 5.56mm 탄(초기 M192)은 980m/s, 7.62mm NATO 탄은 850m/s이지만 5.56mm 탄은 300m 지점에서도 7.62mm 탄에 추월당한다. 원거리 사격용 탄약을 선택할 때는 기본적으로 고속탄을 선택해야 하지만 단지 초속만으로 판단해서는 안 된다.

친환경적인 6.5mm 탄약

제2차 세계대전 때 사용한 38식 보병총은 구경 6.5mm, 140그레인(9g)의 탄환을 2.1g의 화약을 사용해 초속 760m로 발사했다. 미군 M1 라이플은 150그레인(9.7g)의 탄환을 3.2g의 화약을 사용해 초속 850m로 발사했다.

그런데 38식 보병총의 가늘고 긴 6.5mm 탄환은 공기저항이 적어서 450m 지점까지는 둘 다 모두 약 0.7초가 걸리지만, 더 먼 거리에서는 6.5mm 탄환이 더 빨리 도달한다. 즉 구 일본군은 적은 화약으로 반동도 적고 원거리에서 더 빨리 도달하는 친환경적인 탄약을 사용한 것이다.

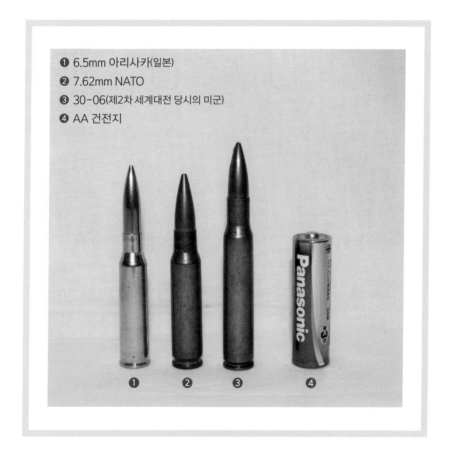

❶ 6.5mm 아리사카(일본)
❷ 7.62mm NATO
❸ 30-06(제2차 세계대전 당시의 미군)
❹ AA 건전지

4-10 옆바람은 저격에 얼마나 많은 영향을 주는가?

바람에 영향을 덜 받는 고속 중량탄

5.56mm급 탄약으로는 기껏해야 100m부터 300m 정도까지만 정확도 높은 사격이 가능하다. 그런데 가벼운 탄환은 바람에 쉽게 휩쓸린다는 단점이 있다. 예를 들어 500야드(450m) 거리에서 초속 4m로 횡풍이 분다면 5.56mm 탄은 80cm 가까이 옆으로 흐른다. 308윈체스터(7.62×51)의 150그레인 탄환이면 60cm 정도 흐르지만, 같은 구경 7.62mm라도 300윈체스터 매그넘의 180그레인 탄환은 40cm 정도만 영향을 받는다. 더 큰 338 라푸아 매그넘의 300그레인 탄환은 불과 30cm 정도다.

사격할 때는 바람의 영향까지 고려해서 조준하지만, 방아쇠를 당기기 몇 초 전에 '풍속 4m'였다고 해서 방아쇠를 당기는 순간에도 똑같이 풍속 4m일 거라는 보장이 없다. 게다가 450m 앞까지 균등하게 풍속 4m를 유지할지도 알 수 없다. 이처럼 계산할 수 없는 바람의 변화에 의한 탄착 오차를 줄이려면 되도록 바람에 영향을 덜 받는 탄환을 사용하는 것이 좋다.

즉 '무거운 탄환을 고속으로' 쏘면 바람의 영향을 덜 받는다. 하지만 반동도 덩달아 강해진다. 5.56mm의 반동은 초보자가 특별한 준비 없이 쏴도 걱정이 없는 수준이지만, 308의 반동은 다소 긴장해야 하는 수준이다. 그리고 300 매그넘의 반동은 초보자에게 위험할 수 있다.

횡풍이 아니라 역풍이나 순풍이라면 크게 고려할 필요가 없다. 예를 들어 7.62mm 탄은 초속 10m의 역풍을 받으면 600m 거리에서 탄착점이 약 4cm 내려가고, 순풍이면 약 4cm 올라가는 정도다.

횡풍에 따른 308 윈체스터 150그레인 탄환의 변화(cm)

거리(m)	풍속		
	2m/s	4m/s	8m/s
100	1	3	6
200	4	9	18
300	10	20	41
400	21	40	84
500	34	68	140
600	52	100	210
700	76	150	300
800	110	210	420
900	140	280	570
1,000	180	360	730

횡풍에 따른 308 윈체스터 180그레인 탄환의 변화(cm)

거리(m)	풍속		
	2m/s	4m/s	8m/s
100	1	2	4
200	4	8	18
300	10	20	41
400	20	40	84
500	34	68	140
600	48	100	200
700	70	140	280
800	96	180	360
900	120	230	480
1,000	150	300	590

무거운 탄환이 가벼운 탄환보다 바람의 영향을 덜 받는다.

4-11 기온 및 앙각의 영향
기온이 높거나 높은 곳을 쏘면 탄착점이 올라간다

기온은 탄환 속도에 영향을 준다. 기온이 낮으면 화약이 탈 때 온도가 낮아서 압력이 미묘하게 낮아지고 초속도 저하된다. 기온이 높으면 화약 연소 온도가 올라가고, 초속도 상승한다. 대략 설명하면 기온 1℃의 변화는 탄환 속도를 1m/s 변화시킨다고 한다. (현실적으로 탄환 속도는 사격할 때마다 몇 m/s나 차이가 난다.)

게다가 기온이 낮으면 공기 밀도가 높아 공기저항이 커져서 표적까지 도달하는 시간이 길어지고, 탄착점은 아래로 떨어진다. 반면 기온이 높으면 공기 밀도가 낮아 공기저항이 약해져 표적에 빨리 도달하고, 탄착점은 높아진다. 기온이 10℃ 변하면 7.62mm 탄의 탄착점이 어떻게 변하는지는 오른쪽 표로 정리했다.

실전에서의 사격은 항상 수평 사격이라고 할 수 없다. 산악지대에서는 산 위에서 아래의 표적을 쏠 수도 있고, 산 아래에서 산 위의 표적을 쏠 수도 있다. 위에서 아래를 쏘든 아래에서 위를 쏘든 수평 사격에 비해 탄착점은 올라간다. 7.62mm 탄으로 500m 거리를 쏜다고 하면 앙각(仰角. 낮은 곳에서 높은 곳에 있는 목표물을 올려다볼 때, 시선과 지평선이 이루는 각도. - 옮긴이)이 15°인 경우는 7cm 남짓 위에 착탄하고, 30°라면 28cm 위에 착탄한다. 이처럼 원거리 사격을 할 때는 여러 가지 요소를 계산해서 쏴야 한다. 요즘 미국 등지의 저격수들은 스마트폰용 탄도 계산 애플리케이션을 사용하기도 하는데, 필자는 옛날 사람이라서 쓰지 않는다.

기온이 10℃ 변했을 때의 7.62mm 탄의 탄착점 변화(cm)

거리(m)	150그레인 탄환	180그레인 탄환
200	1	1
300	2	2
400	4	4
500	7	7
600	12	12
700	21	19
800	35	28
900	54	41
1,000	80	59

무거운 탄환이 기온 변화에도 강하다.

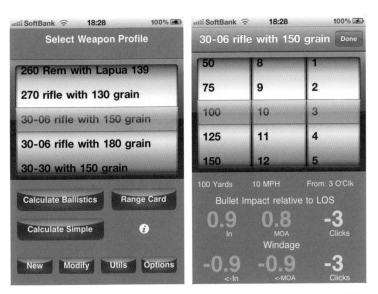

탄도를 계산하는 스마트폰 애플리케이션이 있다. Runaway Technology가 판매하는 탄도 계산 애플리케이션 Bullet Flight M.

혐기성 접착제 록타이트

스코프의 마운트 베이스를 접착할 때는 2액 혼합 타입의 에폭시 계열 접착제를 사용한다. 2액 혼합형은 경화할 때 부피가 변하지 않기 때문에 정밀한 작업에 적합하고 매우 단단히 접착된다. 보통은 한 번 붙이면 떼어낼 일이 없는 부분에 사용하지만, 꼭 분리하겠다면 버너를 이용해 가열하면 떼어낼 수 있다.

떼어낼 때를 생각해서 에폭시 계열의 접착제를 사용하지 않고 록타이트만 사용해서 나사 풀림을 방지하는 사람도 있지만, 아무래도 걱정은 된다. 록타이트는 혐기성 접착제인데 공기가 차단되면 굳는 재미있는 성질이 있다. 나사산에 바르고 조여주면 굳어서 나사가 풀리는 것을 방지할 수 있다.

록타이트에도 다양한 품번이 있다. 중강도 제품을 사용하지 않으면 나사를 다시 풀 수 없다. 스코프 링을 베이스에 설치하는 나사의 풀림 방지에도 사용한다. 스코프를 끼우는 링의 위아래를 고정하는 나사에도 록타이트를 바르는 사람이 있는데, 여기는 록타이트를 바르지 않아도 잘 풀리지 않는다.

헨켈(Henkel)의 '록타이트 243 중강도 나사 고정제'

사격술

총의 성능은 물론이고 저격수의 기량이 정확한 저격에 큰 영향을 미친다. 여기서는 타인과 자신의 생명을 지키기 위한 기본적인 총 취급법부터 목적에 따른 사격 자세, 올바른 조준 방법, 방아쇠 당기는 법 등을 설명한다.

5-01 안전 관리는 확실히
총을 들면 우선 탄약의 장전 여부를 확인하라

총에는 탄약이 들어 있는 것이 당연하다. '총알이 들어 있을 줄 몰랐다.'라는 변명은 통하지 않는다. 볼트 액션총이나 자동총을 잡으면 코킹 핸들 또는 장전 손잡이를 당기고, 슬라이드 액션총이라면 슬라이드를 당겨본다. 브레이크 액션총이면 총을 꺾어 약실을 들여다보고 탄약이 장전돼 있는지 확인해야 한다. 미군은 약실에 손가락까지 넣어 확인한다.

또한 총구는 절대 사람 방향으로 향해서는 안 된다. 누구나 알고 있는 상식이지만 누군가가 뒤에서 말을 걸거나 불발 등으로 총 상태가 이상할 때 자신도 모르게 총을 든 채 뒤돌아보는 사람이 있다. 절대 금물이다. 뒤돌아볼 때는 탄약을 뽑거나 그 자리에 총을 놓아야 하고 총을 든 채 돌아봐야 한다면 총구가 위를 향해야 한다.

총을 들고 이동할 때도 반드시 총구가 위를 향해야 하며 약실을 연 상태여야 한다. (AK와 같은 총은 오른쪽 그림처럼 나뭇조각을 끼워둔다.) 만약 총구가 향한 방향으로 사람이 오면 반사적으로 총구를 위로 올리는 행동을 취할 정도로 습관이 들어야 한다. 모형총을 다룰 때부터 철저하게 몸에 익히는 게 좋다. 총은 사로에 들어가서 표적을 향한 후에야 비로소 수평 방향으로 돌린다.

표적을 향해 사격을 개시하기 직전까지는 약실에 탄약을 보내서는 안 되며, 발사 직전까지 방아쇠에 손가락을 걸면 안 된다. 발사 직전까지 검지는 그립을 잡거나 기관부 측면에 붙여둬야 한다.

총을 잡으면 곧장 볼트를 당겨 약실을 들여다본다.

사로로 이동할 때는 볼트를 후퇴시킨 상태로 휴대한다. 혹은 볼트를 빼놓는다.

AK같이 볼트를 후퇴 위치에 멈춰두는 기능이 없는 총도 있다. 이런 총은 나무토막이라도 끼워두면 좋다.

사격 준비 상태라도 발사 직전까지 방아쇠에 손가락을 걸지 않는다.

눈과 귀 보호하기

귀마개와 보안경은 필수품

보안경(shooting glasses)과 귀마개(ear protector)는 반드시 착용해야 한다. 만일 총이나 탄약에 결함이 있거나 총구에 이물질이 낀 채 발사하면 파편이 튈 수 있고, 정상적인 사격이라고 해도 때로는 총에 붙어 있는 미세한 이물질이 발사 충격에 날려 눈에 들어갈 수도 있기 때문이다. 귀마개는 개방된 장소에서 혼자 사격하는 경우라면 별로 필요하지 않다. 즉 야외에서 사냥한다면 꼭 필요한 용품이 아니다. 또한 자기가 사격할 때는 그다지 시끄럽게 느껴지지 않는다. 오히려 옆 사람이 사격 시 내뿜는 폭풍이 위험하며 부근의 어떠한 물체에 폭풍이 반사돼 귀에 충격을 주기도 한다.

필자는 실내 사격장의 가장 끝 사로에서 벽에 붙어 표적을 향해 방아쇠를 당긴 적이 있다. 그 순간 귀 쪽으로 폭풍이 날아 들어왔다. 귀마개를 하고 있다고 착각했던 것인데, 시끄럽다는 느낌과는 차원이 달랐다. 지금도 아무 이유 없이 '윙윙'거리는 귀울림이 있는데, 당시에 고막이 찢어지지는 않았지만 아무래도 그때의 후유증인 듯하다.

사로에 들어가면 총을 겨누기 전에 "보안경 OK, 귀마개 OK."라고 손으로 만지면서 소리 내며 확인하는 습관을 기르자. 평소 일반적인 시력 교정용 안경을 쓰는 사람도 있는데 그런 안경은 충격으로부터 눈을 보호해 주지 않는다는 사실을 알아야 한다. 플라스틱 렌즈 안경으로 바꾸거나 안경 위에 쓸 수 있는 고글을 착용하자.

사로에 들어가기 전과 사격 개시 전에 "보안경 OK, 귀마개 OK."라고 말하면
서 손으로 만지며 확인하는 습관을 기르자.

수평사격을 할 때는 문제가 없던 스코프라도 상향 각도로 쏘면 눈에 부딪힐 수
있다. 그러므로 보안경 렌즈는 커야 바람직하다.

5-03 불발과 지발의 차이

방아쇠를 당겼더니 딸깍거리는 소리가 난다

방아쇠를 당겼는데 딸깍거리는 소리만 난다면? 탄약 장전을 잊고 빈총을 쏜 것일까? 아니면 불발된 것일까? 빈총을 쏘면 딸깍하고 다소 높은 소리가 나고, 불발되면 '턱' 하는 식으로 둔탁한 소리가 난다. 이를 구별하려면 어느 정도 경험이 필요하다.

이때 불발이라고 생각하고 당황해서 탄약을 뽑아서는 안 된다. 총을 표적 방향으로 잡은 채 10초 이상 기다려야 한다. 지발이라고 해서 몇 초 늦게 탄환이 발사되는 일이 있기 때문이다. 개인적으로 소총이나 기관총탄으로 지발을 경험해 본 적은 없었다. 일본산 탄약은 품질 관리가 뛰어나고 장기간 보관하지 않으며 제조 후 기껏해야 5~6년 이내에 소진하기 때문일 것이다. 그런데 외국산 탄약이나 굉장히 오래된(수십 년 된) 탄약을 사용했을 때는 몇 차례 지발을 경험했다.

듣기로는 소총 탄약에 비해 클레이 사격용 장탄이 지발의 발생 빈도가 높으며, 특히 싸구려 외제 장탄에서 종종 지발이 일어난다고 한다. 다만 대부분은 지연 시간이 매우 짧아서 총을 겨누고 있는 동안에 탄환이 발사된다고 한다.

실제 전장에서라면 주저하지 말고 탄약을 빼내고 새로운 탄약을 장전해 사격을 계속해야 한다. 지발이 일어날 확률은 매우 낮을 뿐만 아니라 만약 배출된 탄약이 발화해도 치명적으로 위험하지는 않다. 대개 화약이 완전히 연소하기 전에 탄피가 깨지거나 탄피에서 탄환이 빠져버려 위험하지만, 치명적인 상해를 입힐 정도의 속도를 내지 못하기 때문이다. 따라서 목숨이 오가는 긴박한 상황이라면 지발 걱정은 접어두고 '딸깍'하는 소리가 나면 그 탄약은 곧장 제거하는 것이 바람직하다.

구 일본군의 99식 소총. 당시의 탄약을 쐈더니 불발이나 지발이 연이어 일어났다.

수십 년 전 제작된 미군의 탄약인데, 간간이 불발과 지발이 있었다.

서서쏴(standing) 자세는 사격경기에서 정지된 표적을 천천히 겨냥해서 쏘는 힙 레스트(hip rest)와 실전용인 오프 핸드(off hand)로 나뉜다.

힙 레스트 자세는 먼저 머리를 거의 수직으로 유지한 채 광대뼈를 콤(comb. 총을 겨눴을 때 광대뼈가 닿는 부분)에 올리고, 볼을 가볍게 치크 피스(cheek piece. 볼이 닿는 부분)에 밀착한다. 이때 눈은 자연스럽게 조준선과 일치해야 한다. 고개를 크게 기울여야 조준할 수 있다면, 총이 몸에 맞지 않는 것이니 총상을 조절해야 한다.

힙 레스트 자세를 취하면 오른쪽 그림과 같이 상체를 젖힌 모습이 된다. 총의 중심과 몸의 중심을 되도록 가깝게 밀착해 안정감을 높이는 것이다. 두 발의 폭은 어깨너비와 같거나 약간 좁은 정도가 좋고, 발끝은 35°에서 40° 정도로 벌린다. 다리는 곧게 펴고 체중은 두 발에 고르게 싣는다.

왼팔은 총 바로 아래에 위치하고, 골반에 올려 안정시킨다. (힙 레스트라는 명칭은 여기서 왔다.) 골반 위치가 높고 많이 튀어나온 여성에게 유리한 자세다. 남성에게는 어려운 자세지만 가능한 한 팔꿈치를 왼쪽 옆구리에 바짝 붙인다. 참고로 서서쏴 경기에서는 남성보다 여성 선수가 좋은 성적을 낸다.

팔꿈치를 골반 가까이 가져가면 총을 받치기에 팔 길이가 부족하므로 탄창이 긴 총이라면 탄창 아래를 받치거나 손가락을 세워 길이를 보완한다. 경기용 총이면 팜 레스트(palm rest)라는 지지대를 사용하기도 한다.(123쪽 참고) 총은 왼팔을 거쳐 골반으로 받치는 것이므로 왼팔에 힘을 줘서 총을 지탱할 필요는 전혀 없다. 따라서 왼팔에 힘을 줘서는 안 된다.

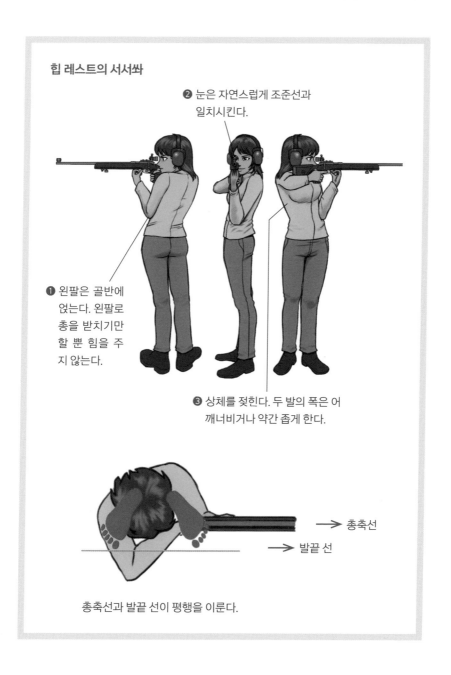

힙 레스트의 서서쏴

❷ 눈은 자연스럽게 조준선과 일치시킨다.

❶ 왼팔은 골반에 얹는다. 왼팔로 총을 받치기만 할 뿐 힘을 주 지 않는다.

❸ 상체를 젖힌다. 두 발의 폭은 어 깨너비거나 약간 좁게 한다.

→ 총축선

→ 발끝 선

총축선과 발끝 선이 평행을 이룬다.

'힙 레스트' 서서쏴 ②

팔에 힘을 주지 말고 총은 골격으로 지탱한다

총은 왼팔을 이용해 골반으로 지탱한다. 오른팔에는 힘을 넣지 않는다. 만약 그립에서 손을 떼면 총이 쓰러질 정도로 힘을 뺀다.

오른손은 가볍게 그립에 닿아 있을 뿐이며 방아쇠를 당기는 손가락 이외에는 완전히 힘을 뺀다. 다만 반동이 강한 총이라면 새끼손가락으로 총 무게만큼 힘을 줘서 총을 어깨에 끌어당길 필요가 있다.

오른쪽 팔꿈치는 의식적으로 특정 각도로 유지하려고 하지 말고, 힘을 뺀 상태에서 자연스럽게 늘어뜨린다. 총을 어깨에 밀착하고 그립을 쥐고 있는 이상 완전히 늘어지지는 않으므로 특정 각도가 되면 자연스럽게 안정된다. 이 각도는 사수의 체격과 총의 치수 및 형상에 따라 20°에서 40°까지 다양하다.

자세가 완성되면 표적을 조준하고 몇 초간 눈을 감는다. 다시 눈을 떴을 때 총이 표적에서 어긋나 있으면 자세에 결함이 있다는 의미이므로 자세를 교정한다. 만약 좌우로 어긋나 있으면 다리 방향을 교정해야 하며 결코 팔을 움직여서 조정해서는 안 된다. 상하로 어긋나 있으면 총을 지탱하는 왼손의 위치를 바꾼다. 이를 수천 번 반복해서 자세를 취했을 때 자연스럽고 이상적인 자세가 되도록 연습하자. 서서쏴 자세뿐만 아니라 다른 자세들도 마찬가지로 연습을 충분히 해야 한다.

총은 근육의 힘으로 지탱하는 것이 아니다. 먼저 자신의 골격으로 구조를 만든 뒤에 거기에 총을 얹는 느낌으로 사격 자세를 취한다. 여성 선수의 성적이 좋은 이유는 일반적으로 남성보다 근력이 약해서 골격으로 지탱하는 법을 빨리 습득하기 때문인지도 모르겠다.

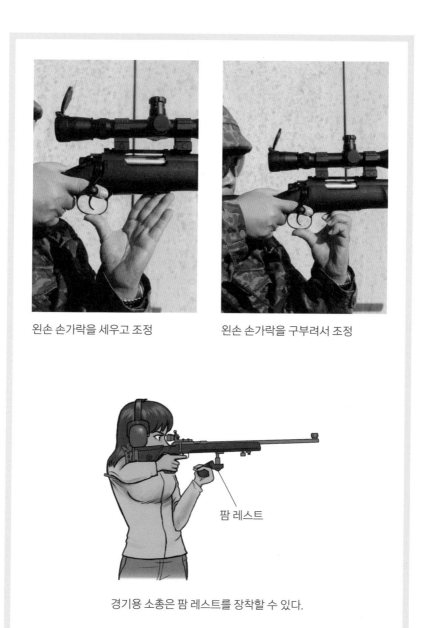

왼손 손가락을 세우고 조정

왼손 손가락을 구부려서 조정

팜 레스트

경기용 소총은 팜 레스트를 장착할 수 있다.

5-06 '오프 핸드' 서서쏴

시합이 아닌 실전에 쓰는 서서쏴 자세

실전에서도 표적이 정지해 있고 시간에 여유가 있다면 힙 레스트 자세를 취해 사격할 수 있다. 하지만 여유가 있다면 더 안정적인 엎드리거나 앉아서 쏘는 자세를 취하는 것이 좋다. 서서쏴는 시간에 여유가 없을 때와 같이 '부득이한 경우'에만 사용하는 자세다. 이때는 오프 핸드 자세를 추천한다.

오프 핸드 자세는 먼저 왼손 엄지손가락과 검지로 V자를 만들고, 그 위에 총을 올려놓는다. 이때 손가락에 힘을 줘서 총을 쥐면 안 된다. 힙 레스트와 달리 왼쪽 팔꿈치를 몸에 붙이지 않고 공중에서 총의 무게를 지탱한다. 즉 근육의 힘으로 총을 지탱하는 것이다. 왼쪽 팔꿈치는 되도록 총 바로 아래에 놓는데, 힙 레스트처럼 등을 젖히면서까지 바로 아래를 고수할 필요는 없다. 가능한 한 왼손을 총 바로 아래로 가져가기 때문에 등이 다소 휘기도 하지만 대개 일직선이다. 총축선은 거의 발끝 선과 일치한다.

오른쪽 팔꿈치는 힙 레스트처럼 자연스럽게 늘어뜨려도 되지만 반동으로 견착이 어긋날 것 같으면 조금씩 오른쪽 팔꿈치를 들어 올린다. 오른쪽 팔꿈치가 올라갈수록 총이 불안정해지지만, 반동을 제어하기는 쉬워진다. 반동이 강한 총이라면 팔꿈치가 거의 수평을 이루는 정도까지 올리는 경우도 드물지 않다. 반동이 강한 총이 주를 이루던 제2차 세계대전 무렵에 미군이 이런 자세를 취했다. 그립은 세게 쥐면 안 된다. 손바닥 전체가 그립에 밀착되지만 '잡는다'는 느낌이 아니라 그저 새끼손가락으로 총 무게만큼의 힘을 줘서 가볍게 총을 어깨로 끌어당긴다는 느낌이 적당하다.

오프 핸드의 서서쏴

❷ 반동이 강한 총이면 오른
  팔을 조금씩 들어 올린다.

❶ 왼쪽 팔꿈치는 되도록 총 바로 아
  래로 가져가되 등을 젖히면서까지
  바로 아래를 고집할 필요는 없다.

❸ 총축선과
  발끝 선은
  일치한다.

5-07 이동 표적에 대응하는 서서쌰
리드 사격법과 스윙 사격법이란?

가로 방향으로 이동하는 표적을 쏠 때는 '스윙 사격법'과 '리드 사격법'을 활용할 수 있다. 스윙 사격법은 표적의 움직임에 맞춰 총을 돌리며 쏘는 사격법이다. 표적의 이동 속도가 그다지 빠르지 않다면 힙 레스트 혹은 오프 핸드 자세로 허리를 돌려 조준 위치를 잡는 것이 좋은 결과로 이어진다. 다만 속도가 빠른 표적을 조준할 때는 새우등처럼 앞으로 기울인 자세를 취하는 클레이 사격에 가까운 모습이 된다.

앞서 정지 표적을 쏠 때의 서서쌰 자세는 좌우 발끝을 이은 선이 총축선과 평행을 이룬다고 설명했는데, 여기서는 총축선에 대해 약 45° 각도를 취한다. 무릎은 약간 구부려 상체를 돌리기 쉽게 한다. 표적의 움직임에 맞춰 총을 흔들 때는 팔로 총을 흔드는 것이 아니라 허리를 축으로 상체를 회전시킨다.

왼쪽 팔꿈치는 45~60° 정도로 옆으로 당긴다. 왼손은 너무 세게 쥐면 안되고, 총을 흔들기 때문에 손가락 끝이 총에 가볍게 닿는 정도가 좋다. 오른쪽 팔꿈치는 거의 수평이 되도록 당긴다. 등이 앞쪽으로 기울어짐에 따라 얼굴도 약간 앞쪽으로 기울어진다.

리드 사격법은 총을 흔들지 않고 표적이 움직이는 위치를 예측해 표적 앞을 노려 쏘는 사격법이다. 눈금이 들어간 스코프가 달린 총이 유리하다. 허리를 흔들 필요가 없어서 무릎쌰나 앉아쌰 등의 중간 자세는 물론이고 엎드려쌰 자세에서도 이동하는 표적을 조준해 쏠 수 있다. 그러나 표적이 특정 지점을 통과하는 순간을 파악하는 데 집중하느라 방아쇠를 당길 때 지나치게 힘이 들어가기 십상이다. 자위대는 이동 목표를 노리는 사격 훈련을 하지 않지만, 러닝 보어(running boar. 레일 위를 달리는 멧돼지 그림의 표적을 맞히는 경기)라는 사격경기 종목을 실시한다.

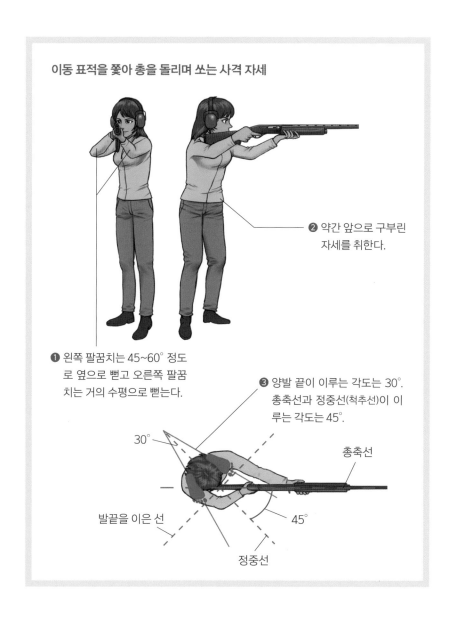

이동 표적을 쫓아 총을 돌리며 쏘는 사격 자세

❷ 약간 앞으로 구부린 자세를 취한다.

❶ 왼쪽 팔꿈치는 45~60° 정도로 옆으로 뻗고 오른쪽 팔꿈치는 거의 수평으로 뻗는다.

❸ 양발 끝이 이루는 각도는 30°. 총축선과 정중선(척추선)이 이루는 각도는 45°.

30°

총축선

발끝을 이은 선

45°

정중선

5-08 중간 자세 ①

무릎쏴

중간 자세란 서서쏴와 엎드려쏴의 중간 높이 자세, 즉 무릎쏴, 앉아쏴, 쪼그려쏴 등의 자세를 총칭한 말이다. 무릎쏴(kneeling)는 보행 도중에 신속히 자세를 취할 수 있고 다시 서서 걷기에도 유리하다. 안정감은 추후 설명할 앉아쏴가 더 좋지만, 공식적인 경기에서 중간 자세는 무릎쏴다.

무릎쏴 자세는 일단 왼쪽 무릎을 세우고 오른쪽 무릎을 꿇는다. 그리고 오른쪽 다리 위에 엉덩이를 얹고 앉는다. 왼쪽 발끝은 총축선보다 약간 안쪽(오른쪽) 방향이며, 발바닥 전체는 지면에 닿는다. 엉덩이 아래의 오른쪽 발목과 오른쪽 무릎을 이은 선은 총축선에 대해 80~85°이다. 체중은 하중을 받는 세 군데 점에 균등하게 싣거나 왼쪽 다리에 많이 싣는다.

왼손은 엄지와 검지로 V자를 만들고 거기에 총을 얹는다. 이때 힘줘 잡으면 안 된다.(물건을 세게 쥐면 손톱의 선홍빛이 조금 더 진해지는데 그렇게 되지 않을 정도가 좋다.) 왼쪽 팔꿈치 관절과 왼쪽 무릎 관절이 닿는 부분은 다소 어긋난다는 느낌이 좋다. 관절이 서로 정확히 닿으면 흔들림이 생겨 안정적이지 못하기 때문이다. 팔꿈치 관절을 무릎 관절보다 앞으로 하느냐 뒤로 하느냐는 체형에 따라 다르지만, 앞인 경우가 많다. 총, 왼팔(왼쪽 팔꿈치), 왼발(왼쪽 무릎)은 정면에서 볼 때 거의 수직선을 이룬다.

오른쪽 팔꿈치, 오른손, 어깨에 견착하는 방식은 서서쏴와 같다. 특히 반동이 큰 총은 팔꿈치를 수평에 가깝게 올려야 충격을 감당할 수 있는데, 그립에 손이 닿지 않을 수도 있으니 팔은 자연스럽게 힘을 뺀 자세를 취한다.

그립도 잡는다기보다는 손바닥 전체로 감싸서 총 무게만큼의 힘으로 어깨로 끌어당긴다.

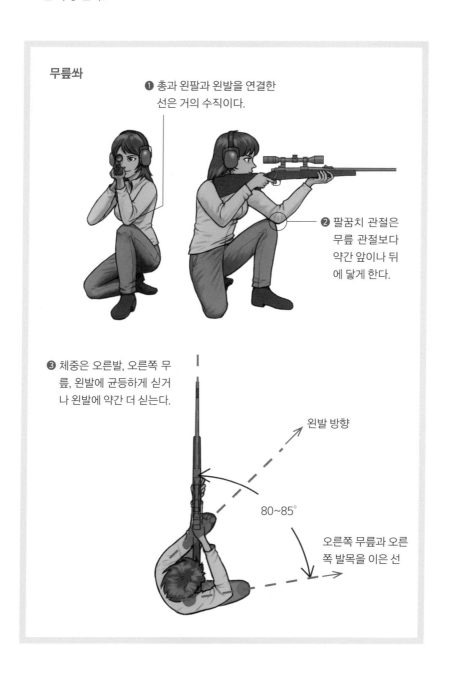

무릎싸

❶ 총과 왼팔과 왼발을 연결한 선은 거의 수직이다.

❷ 팔꿈치 관절은 무릎 관절보다 약간 앞이나 뒤에 닿게 한다.

❸ 체중은 오른발, 오른쪽 무릎, 왼발에 균등하게 싣거나 왼발에 약간 더 싣는다.

왼발 방향

80~85°

오른쪽 무릎과 오른쪽 발목을 이은 선

중간 자세 ②

앉아쏴, 쪼그려쏴, 저격병형 앉아쏴

앉아쏴(sitting)는 엉덩이를 땅에 붙이고 사격하는 자세다. 다리를 벌리고 오므리고는 각자의 취향에 따라 결정한다. 안정적인 중간 자세이지만, 주저앉는 모양이라 무릎쏴보다는 다음 행동을 취할 때 시간이 지체된다.

앉아쏴는 총을 받치는 왼손, 그립을 잡는 오른손, 어깨 견착 등의 요령이 서서쏴나 무릎쏴와 같다. 하지만 좌우의 팔꿈치는 무릎 관절 안쪽에 붙여서 팔(八)자 모양을 유지한다. 다만 다리를 오므린다면 오른쪽 팔꿈치는 반드시 오른쪽 무릎과 닿지 않아도 된다. 이때는 무릎쏴와 같은 자세를 취해도 좋지만, 오른쪽 무릎은 세우지 않아도 된다.

쪼그려쏴는 그리 안정적인 자세가 아니지만, 낮은 자세로 이동하면서 취하기에 편리한 자세다. 볼일을 볼 때처럼 쭈그리고 앉은 자세지만 총을 잡는 법 등은 앉아쏴와 같다.

저격병이 선호하는 앉아쏴는 왼손으로 총을 받치는 것이 아니라 왼팔을 구부려 왼쪽 무릎 위에 올리고 그 위에 총을 올려놓는다. 왼손은 가볍게 오른팔에 붙이거나 총상 뒷부분 아래를 가볍게 잡는다. 매우 안정적인 자세지만 총의 위치가 낮아서 조준선이 높은 스코프가 달린 총이 아니면 겨냥하기 어렵고, 뒤로 기우는 자세가 되므로 등을 지탱하지 못하면 반동 때문에 뒤로 넘어질 우려가 있다. 또한 다음 행동을 취할 때 시간이 지체된다. 그 밖에 위에서 아래로 쏘기는 쉽지만 아래에서 위로 쏘기는 어렵다는 점 때문에 저격병 말고는 그다지 사용하지 않는 자세다. 이런 자세가 언제부터 생겨났는지는 확실치 않지만 제2차 세계대전 때 독일군 저격병에게서 볼 수 있다.

다리 벌려 앉아쏴

다리 오므려 앉아쏴

쪼그려쏴

저격병형 앉아쏴

5-10 엎드려쏴
전장에서 가장 많이 사용하는 자세

엎드려쏴(prone)는 가장 낮은 자세인 동시에 가장 안정적이고 명중률이 높은 자세로 실전에서는 상황만 허락한다면 대개 엎드려쏴 자세를 취한다.

엎드려쏴는 몸의 정중선을 총축선에 대해 30~45° 각도가 되도록 자세를 잡는다. 이 각도는 체격에 따라 다르지만, 총과 비교해 몸이 작을수록 각도가 깊다. 다리는 30° 내외로 벌린다. 어느 정도로 각도를 취할지는 개인 취향이다. 발끝은 바깥쪽을 향하고 발뒤꿈치 안쪽이 땅에 닿도록 한다. 자위대는 발뒤꿈치 안쪽이 바닥과 밀착하도록 교육하지만, 사격경기의 선수는 반드시 그렇게 하지 않아도 된다. 자신에게 잘 맞는 자세를 연구해 결정하면 된다.

양 팔꿈치는 어깨너비보다 약간 넓게 하고 지면에 붙인다. 체중은 좌우 균등하게 싣는다. 양쪽 어깨는 거의 수평을 유지한다. 왼쪽 팔꿈치는 되도록 총 바로 아래 가까운 곳에 있는 게 좋다. 다만 몸을 비틀어 체중 배분이 깨질 정도로 무리해서는 안 된다.

에스토니아형 엎드려쏴도 있다. 오른쪽 그림과 같이 오른발을 구부려 왼팔이 총의 거의 바로 아래에 오도록 한다. 상체는 왼쪽으로 내려간다.(오른쪽으로 올라간다.) 체중이 몸의 왼쪽에 집중되기 때문에 보통 사격 자세보다 쉽게 피로해져 장시간 취하기에는 적합하지 않다는 의견도 있지만, 총 바로 아래 부근에 왼팔을 가져올 수 있어 의외로 안정감이 높다. 이런 이유로 많은 사격경기 선수들이 실제로 취하는 자세다. 오히려 일반적인 엎드려쏴는 배를 축 늘어뜨리거나 땅에 붙이기 때문에 호흡 면에서는 불리하다는 의견도 있다. 어느 쪽이 자신에게 맞는지는 사격 훈련을 거듭하면서 찾아내는 수밖에 없다.

정중선

엎드려쏴
사수에 따라 다르지만, 위에서 볼 때 총축선과 몸의 정중선이 이루는 각도는 30~45°. 몸집이 작을수록 각도는 깊어진다.

총축선

30~45°

양팔은 총을 측면에서 볼 때 거의 평행하다.

양어깨와 양 팔꿈치는 총을 정면에서 볼 때 평행사변형을 이룬다.

정중선을 정면에서 볼 때 양어깨와 양 팔꿈치는 거의 사다리꼴을 이룬다.

에스토니아형 엎드려쏴

5-11 양각대 사용과 의탁 사격
양각대보다 의탁물을 사용해야 더 정밀한 사격이 가능하다

경기관총이나 일부 소총, 저격총에는 양각대가 달려서 안정적인 사격을 도와준다. 경기관총으로 자동사격을 할 경우, 반동을 똑바로 받아내기 위해 정중선과 총축선이 평행을 이룬 자세를 취한다. 그렇지 않으면 반동으로 총구가 옆으로 어긋나기 때문이다. 자동사격이 아니라면 양각대를 사용하지 않는 엎드려쏴 자세처럼 각도를 줘도 좋다.

기관총으로 자동사격을 할 때 왼손은 총상의 콤 바로 앞을 위에서 누르듯이 잡거나 토(toe. 총상 뒤쪽 하단부)의 앞부분을 잡고 어깨로 단단히 밀착한다. 만약 저격총을 사용한다면 왼손에 힘을 주지 않은 채 토를 잡고 총상에 어깨를 가볍게 갖다 댄다. 그립을 잡는 방법은 서서쏴나 무릎쏴와 같다.

사격할 때 총에 안정감을 주는 최고의 방법은 왼손으로 총을 받치지 말고 안정된 의탁물(받침이 되는 것) 위에 올려놓는 것이다. 의탁물은 모래주머니가 가장 좋고, 목재나 헬멧처럼 딱딱한 것은 발사 충격으로 총이 튕겨나가 움직일 수 있으므로 좋지 않다. 딱딱한 사물 위에 총을 올릴 경우에는 의탁물 위에 손을 얹고 손 위에 총을 올린다. 아니면 옷이나 수건을 둥글게 말아 받친다. 이처럼 반드시 부드러운 것 위에 총을 놓도록 한다.

의탁물 위에 올려놓는 부분은 총신이 아니라 총상이다. 총신을 의탁물 위에 올려서는 안 된다. 총신에 총 무게가 더해져 흔들림이 생기면 탄착점이 어긋나기 때문이다. 평소에 모래주머니를 들고 다니는 것은 현실적이지 못하므로 필자는 작은 봉지에 쌀을 담아 휴대한다.

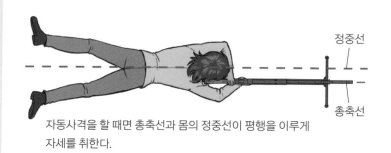

자동사격을 할 때면 총축선과 몸의 정중선이 평행을 이루게
자세를 취한다.

자동사격을 할 경우, 총상을 단단히 눌러 고정한다. 하지만 저격할 때는 토를 가
볍게 잡아 어깨에 붙이기만 한다.

총을 모래주머니에 의탁한
엎드려쏴는 사격 정밀도가
가장 높다. 왼손은 총상의 토
를 가볍게 잡고, 총상 끝을
어깨에 댄다. 오른손으로 총
을 끌어당기지는 않는다.

오른손은 그립을 잡지 않고
안전장치 뒤에 엄지손가락
을 댄다. 엄지손가락과 검지
로 방아쇠를 쥐듯이 격발하
는 것은 의탁물을 이용한 정
밀 사격 기술 중 하나다.

5-12 아이언 사이트 조준 방법
중앙 조준과 하단 조준

조준할 때는 먼저 가늠자를 들여다보고, 가늠자 중심에 가늠쇠를 맞춰 눈과 조준선을 일치시킨다. 이 선을 표적에 맞추면 조준이 완성된다. 이때 눈의 초점은 가늠쇠에 둔다. 그러면 가늠자나 표적이 약간 흐려 보이는데 지극히 정상이다. 참고로 다른 어디에 초점을 맞추든 가늠쇠에 초점을 맞추는 것보다 좋은 결과를 얻을 수 없다.

일반적으로 조준은 중앙 조준이라고 해서 오른쪽 그림과 같이 표적의 중심을 노린다. 그러나 검은 가늠쇠가 검은 표적의 중심을 정확하게 잡고 있는지는 잘 보이지 않는다. 이 때문에 표적의 검은 점을 가늠쇠 위에 위치하도록 겨냥해서 가늠쇠의 정점과 검은 점의 하단 사이에 흰색 선이 노출되도록 조준하는 기술도 있다. 그러면 약간의 어긋남도 알기 쉬워서 보다 정확한 조준이 가능하다. 물론 이렇게 조준해도 검은 점의 중심에 착탄하도록 가늠자를 조절해 둔다. 이를 하단 조준 또는 6시 조준이라고 한다. 필자도 현역 시절에 이 방법을 꽤 많이 사용했다.

물론 이 조준 방법은 표적을 쏘는 경우에만 해당하고 실전에는 적용할 수 없다. 표적 사격 점수만 생각해서 가늠자를 이렇게 세팅한 채 갑자기 실전에서 가늠자로 적병의 몸통을 겨냥해 쏘면 탄환은 적병의 머리 위를 넘어간다. 이를 보완하려고 중앙 조준을 해도 가늠쇠와 검은 점 사이에 흰색 선이 생기도록 표적의 위쪽 절반만 검은색으로 처리하거나 표적 중심만 흰색을 넣기도 한다.

중앙 조준은 가늠쇠의 정점이 검은색 인 표적의 중심에 정확히 위치하는지 판단하기 어렵다.

검은 원의 아래 '6시' 위치에 '흰색선' 이 노출되도록 겨냥하면 약간의 어긋 남도 알아차리기 쉽다. 다만 실전에 는 적합하지 않다.

표적의 위쪽 절반만 검은색으로 만드 는 방법도 있다.

가늠쇠 위로 흰 점이 보이도록 표적 을 만드는 예도 있다.

5-13 양안 조준과 마스터 아이
사격 선수는 한쪽 눈을 감고 조준하지 않는다

조준할 때는 보통 한쪽 눈을 감는다고 생각한다. 그런데 사격 선수를 보고 있으면 두 눈을 다 뜨고 있다. 이를 양안 조준이라고 한다. 양쪽 눈을 다 뜨고 있지만 실제로 가늠자를 들여다보고 겨누는 눈은 한쪽뿐이다. 다른 한쪽 눈은 그냥 뜨고 있을 뿐 표적도 조준구도 보지 않는다.

어린아이는 한쪽 눈만 감는 동작이 좀처럼 잘 안 된다. 어느 정도 성장해야 가능한데 여기서 알 수 있듯이 한쪽 눈만 감는다는 것은 부자연스러운 동작이기 때문에 눈의 신경에 상당한 부담을 준다. 그래서 한쪽 눈을 감고 조준하면 눈에 피로가 빨리 오고 시력도 저하된다.

손이나 발을 사용할 때 오른손잡이 혹은 왼손잡이가 있듯이 눈에도 마스터 아이(master eye)라는 게 있다. 보통 오른손잡이인 사람은 오른쪽 눈이 마스터 아이인데 물론 예외도 있다. 주로 쓰는 팔과 마스터 아이가 일치하지 않으면 양안 조준을 할 수 없다. 그래서 사격경기 선수 중에는 모자 차양에 한쪽 눈을 가리는 덮개를 붙이거나 가늠자 옆에 한쪽 눈을 가리는 판을 붙인다. 안경 한쪽을 테이프로 막고 두 눈을 뜨고 사격하는 방법도 있다. 물론 경기에만 해당하고 실제 전장에서는 어쩔 수 없이 한쪽 눈을 감아야 할 것이다. 마스터 아이를 알기 위해서는 손을 뻗어 얼굴 앞에 손가락으로 원을 만들고 원을 통해 표적을 본다. 그리고 한쪽 눈을 감는다. 뜬 눈이 마스터 아이라면 표적은 그대로 원 안에 있지만 마스터 아이가 아니면 표적이 원에서 벗어나 보인다.

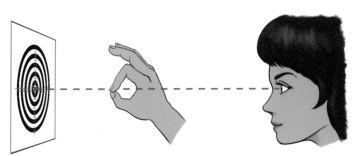

손가락으로 원을 만들고 두 눈을 뜨고 표적을 들여다본다.

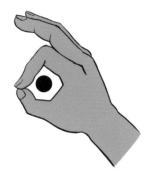

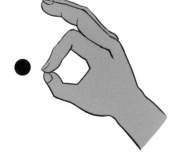

한쪽 눈을 감는다. 감았을 때 표적이 원 안에 있으면 뜬 눈이 마스터 아이다.

한쪽 눈을 감았을 때 표적이 원 밖으로 보이면 뜬 눈은 마스터 아이가 아니다.

오른손잡이인데 왼쪽 눈이 마스터 아이라면 왼쪽 눈앞에 가리개를 붙인다. 물론 이것은 사격경기의 경우이며 전장에서는 어쩔 수 없이 왼쪽 눈을 감아야 한다.

5-14 호흡과 조준의 비법

"나는 돌이다. 그래서 움직이지 않는다."

호흡하면 당연히 몸이 움직인다. 정확한 사격을 하려면 죽은 듯이 몸을 정지시키고 오직 검지만 움직이는 상태가 이상적이다. 〈스탈린그라드〉라는 영화에서 주인공 병사가 자기 자신을 타이르던 말이 생각난다. "나는 돌이다. 그래서 움직이지 않는다." 그는 조준하고 방아쇠를 당길 때까지가 아닌 탄환이 총구를 떠날 때까지 호흡을 멈춘다. 하지만 호흡을 하지 않으면 혈액 속 산소가 금세 부족해져 시력이 저하된다. 정확한 사격을 하려면 호흡을 멈춘 후 10초 이내에 조준을 완료해야 한다. 10초 이내에 조준하지 못하면 다시 호흡하고 재조준하는 게 좋다.

그러나 10초라는 시간은 경기 또는 원거리 저격을 할 때나 해당한다. 전투 중이라면 조준은 4초 이내에 완료해야 한다. 이는 단순히 산소 부족을 염려해서만이 아니라 실전에서 적에게 발견돼 총에 맞을 위험을 최소화하기 위함이다. 물론 적병도 4초 안에 조준해서 쏘라고 교육받는다.

호흡을 멈출 때는 공기를 가득 들이마시고 멈춰서는 안 되고, 잔뜩 뱉고 멈춰서도 안 된다. 둘 다 호흡 안정에 도움이 되지 않는다. 폐에 70% 정도의 공기가 들어 있는 것이 적당하다. 70% 내외의 상태로 만들 때는 '대략 70% 들이마시고 멈춘다.'라거나 '일단 많이 들이마시고 나서 30% 토하고 나서 멈춘다.'라는 식은 좋지 않다. 각자 연구해서 자신에게 맞는 방법을 찾아야 한다. 실력이 뛰어난 선수들이 조준하는 모습을 보면 호흡은 물론이고 맥박까지 멈춘 듯하다.

사격은 총을 겨누고 하는 명상과 같다

소총 정밀 사격은 주인공이 총을 들고 활약하는 액션 영화와 달리 정적이 감도는 세계다. 사격은 총을 겨누고 하는 명상과 같다. 사격은 잡념의 유무가 탄착으로 드러나기 때문에 오히려 명상보다 정신수양의 효과가 높다고도 할 수 있다. 유럽에서는 사격을 건전한 청소년을 육성하는 스포츠로서 학교 수업에도 도입하고 있다.

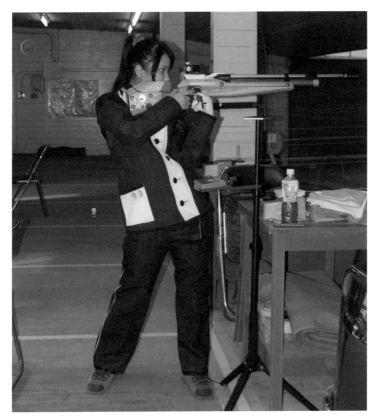

사격은 정신수양에 안성맞춤인 스포츠다. 공기소총을 사용하는 고등학교 사격부도 있다.

5-15 방아쇠 당기기
어두운 밤에 서리가 내리듯 당긴다

방아쇠를 당기는 데 필요한 힘을 방아쇠의 무게라고 한다. 아무래도 방아쇠가 무거우면 정밀한 사격이 불가능하다. 방아쇠를 당기는 힘으로 총까지 움직일 수 있기 때문이다. 그래서 사격경기에 사용하는 총의 방아쇠는 매우 가볍다. 손가락 끝이 닿기만 해도 발사될지 모른다는 느낌마저 든다. 이렇게 가벼운 방아쇠를 실전에서 쓰기는 위험하다. 방아쇠에 손가락을 대지 않도록 주의해도 풀잎에 걸리거나 잔가지에 총의 일부가 부딪히는 충격으로도 발사될 수 있기 때문이다.

실전용 총에 권장하는 방아쇠 무게는 2kg 내외다. 군용 소총 대부분의 방아쇠 무게는 3kg 이상인데 이는 전시에 군사 훈련을 받은 일반인이 사용한다는 점을 고려해 다소 무겁게 세팅한 것이다. 총을 몸 일부처럼 다룰 수 있게 되면 좀 더 가벼운 게 좋다.

실전용 총의 방아쇠가 1.5kg이면 가벼운 편이지만 방아쇠를 당길 때 총이 흔들리지 않도록 주의해야 한다. 방아쇠가 매우 가벼운 경기용 총조차도 방아쇠를 똑바로 뒤로 당기지 않으면 총이 옆으로 흔들리고 만다. 아주 다소곳하게 당겨야 한다. 이런 감각을 표현하려고 방아쇠를 그냥 '가볍게 당긴다.'라고 하지 않고 어두운 밤에 서리가 내리듯 당긴다는 비유를 들기도 한다.(어떻게 하라는 건지 구체적이지 않지만)

인간은 자신의 몸을 완전히 정지시키지 못한다. 당연하게도 조준점이 끊임없이 흔들흔들 움직인다. 이때다 싶어 방아쇠를 당기려고 하면 다시 또 움직인다. 하지만 훈련을 거듭하면 거듭할수록 흔들림은 점점 줄고, 방아쇠를 당기는 순간에 흔들림을 최소화하는 능력을 기를 수 있다.

가늠쇠에 있는 후드의 역할

오픈 사이트로 표적을 조준할 때 바로 위에서 햇빛이 내리쬐면 가늠쇠의 정점이 빛을 반사해 실제보다 가늠쇠가 낮아 보인다. 이때 가늠쇠를 높이면 탄착점이 위로 올라간다. 또 사선에서 빛을 받으면 반사되는 쪽의 폭이 실제보다 좁게 느껴진다. 그래서 가늠쇠를 오른쪽으로 기울이면 탄착점이 오른쪽으로 빗겨 나간다. 마우저 98에서 볼 수 있듯이 가늠쇠에 후드가 있으면 가늠쇠가 무언가에 부딪쳤을 때 손상을 막아 가늠쇠를 보호할 뿐만 아니라 정확한 조준을 위해서도 좋다.

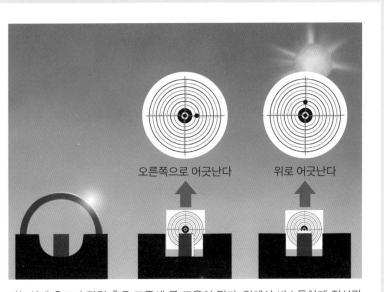

가늠쇠에 후드가 달린 총은 조준에 큰 도움이 된다. 위에서 비스듬하게 직사광선을 받으면 빛을 반사해 가늠쇠 부분은 폭이 좁아 보인다. 또한 바로 위에서 직사광선을 받으면 가늠쇠의 높이가 낮아 보인다.

5-16 탄착점 살피기
보이지 않아도 탄환의 탄착점을 생각한다

정밀 조준은 정신적으로 매우 부담스럽다. 이 때문에 발사 후에는 긴장이 급격히 풀려버린다. 그러나 발사와 동시에 바로 긴장을 늦춰서는 안 된다. 이것이 습관이 되면 방아쇠를 당겼을 때, 조건 반사적으로 긴장이 풀려 총구에서 탄환이 다 나오기도 전에 흔들림이 생기고 정밀한 사격이 불가능하다.

이를 방지하려면 발사 직후까지 표적을 주시하고 '지금 탄환이 어디에 착탄했는지'를 확인하겠다는 마음가짐이 중요하다. 실제로는 탄착점이 보이지 않지만, 방아쇠를 당길 때 총의 작은 움직임까지도 신경 써서 '오른쪽 아래로 갔군.', '왼쪽 위로 갔군.' 이런 식으로 '탄착점 살피기'를 하겠다고 생각만 해도 발사 직전에 긴장이 느슨해지는 것을 방지할 수 있다. 참고로 사격 초보자가 갑자기 강력한 대구경 라이플을 쏘면 탄착점을 살펴볼 여유 따위는 생기지 않기 때문에 처음에는 공기총이나 소구경 라이플부터 시작하는 게 좋다. 실탄 사격을 많이 하지 않고는 사격 실력 향상을 바랄 수 없지만, 빈총으로 하는 사격 연습도 기량을 올리는 좋은 방법이다. 오히려 방아쇠를 당기는 횟수로 따지면 빈총 사격이 실탄 사격의 수백 배나 많을 것이다. 집에서 작은 표적을 벽에 붙이고 매일 5분이든 10분이든 빈총으로 사격 연습을 하는 것이 실력 향상의 비결이다.

빈총을 쏠 경우, 실탄 사격보다 공이가 손상되기 쉽기 때문에 빈총 사격용 더미(dummy)탄 사용을 권장한다. (총 종류에 따라 다르며 수만 번을 해도 괜찮은 총도 있다.)

슬링의 이용

슬링(sling)은 총을 편하게 어깨에 걸고 다니기 위한 것인데, 이를 팔에 감아 사격할 때 안정감을 높일 수 있다. 경기용 총에는 들고 다니기 위해서가 아니라 팔에 감기 위한 슬링을 사용한다.

전장에서 슬링을 팔에 감는 것은 효율적이지 않다는 의견도 있지만, 미군은 슬링을 활용하며 원거리 사격처럼 슬링을 사용할 여유가 있다면 사용하는 편이 유리하다. 그러니 시간이 되면 슬링을 활용한 사격 연습도 해두자.

경기용 슬링은 오직 팔에 두르는 것이 목적이라서 어깨에 멜 수는 없다.

총포상을 방문해 보자

일정 절차를 밟고 허가를 받으면 일본에서도 사격경기나 사냥을 위한 총을 소유할 수 있다. 사격부가 있는 고등학교까지 있으니 말이다. 이 책에서는 총을 소유하는 절차를 자세히 설명하지는 않겠지만, 만약 사격경기나 사냥에 관심이 있어 총포상을 방문하면 친절한 조언을 들을 수 있다. 지방 도시에도 총포상이 한두 곳쯤은 있다. 인터넷이나 전화번호부를 참고해 가까운 총포상을 찾아보자. (한국에도 총포상이 있으며 일본과 마찬가지로 적법한 절차를 통해 허가를 받으면 총을 소유할 수 있다. 다만 평상시 자가에 보관할 수는 없다. –편집자주)

총포상의 일반적인 모습. 총 구입에 관심이 있다면 여러 조언을 얻을 수 있다.

6장

핸드 로드

핸드 로드란 탄약을 직접 제작하는 것을 말한다. 자신의 총에 최적화된 탄약을 만들 수 있을 뿐만 아니라 탄피를 재사용하기 때문에 비용 면에서도 큰 장점이 있다. 여기서는 필요한 도구 소개부터 제작 순서까지 설명한다.

핸드 로드란?
자신의 총에 딱 맞는 탄환에 친환경은 덤

빈 탄피에 자신이 직접 뇌관, 발사약, 탄환을 준비해서 탄약을 제작하는 것을 핸드 로드라고 한다. 보통 오른쪽 그림에 보이는 프레스라는 기계를 이용한다. 그림은 RCBS사의 제품인데 라이먼(Lyman)사 외에 몇몇 회사에서 비슷한 제품을 판매하고 있다.

핸드 로드를 할 때는 신품의 탄피를 사용하기도 하지만 대개는 한 번 발사한 탄피를 다시 채워 넣는다는 의미로 리로드(reload), 리로딩(reloading)이라고도 한다. 핸드 로드를 하는 이유 중 하나는 경제적이기 때문이다. 탄약(cartridge) 가격의 약 절반은 탄피 값이기 때문에 사용 후 버리지 않고 회수해 재사용하면 탄약값의 약 절반을 아낄 수 있다.

또 다른 이유는 명중률이 높은 탄약을 만들 수 있기 때문이다. 핸드 로드를 하는 편이 자신의 총에 딱 맞는 탄약을 얻을 수 있다. 물론 한 발 한 발 정성을 들여 조립하는 것이기 때문에 양산 탄약보다 수고가 든다. 그러나 사격경기 선수라면 직접 리로드한 탄약으로 경기에 임하는 것이 상식이다.(리로드할 수 없는 22 림 파이어 경기는 예외)

물론 직접 제작한 탄약의 명중 정밀도를 높이려면 경기총이나 저격총과 같이 그만큼 정밀도가 높은 총에 사용해야 한다. 정밀도가 뛰어난 총이 아니면 핸드 로드한 탄을 사용해도 눈에 보일 정도의 명중률 향상을 얻을 수 없다. 참고로 근거리 사격 연습용으로 화약량을 절반 정도로 줄인 경장탄을 핸드 로드하는 경우도 많다.

프레스의 구조

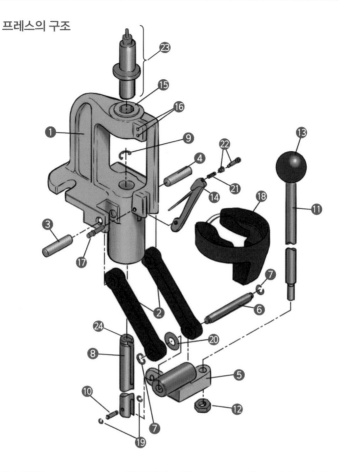

❶ 프레임
❷ 링키지 암
❸ 링키지 암 핀(왼쪽)
❹ 링키지 암 핀(오른쪽)
❺ 토글 블록
❻ 토글 블록 핀
❼ 리테이닝 링
❽ 램

❾ 클립 스프링
❿ 메인 램 핀
⓫ 핸들
⓬ 핸들 너트
⓭ 핸들 볼
⓮ 프라이머 암
⓯ 부싱
⓰ 세트 스크루

⓱ 프라이머 암 핀
⓲ 프라이머 캐쳐
⓳ 리테이닝 링
⓴ 와셔
㉑ 코일 스프링
㉒ 플러그 앤드 슬리브
㉓ 리사이즈 다이
㉔ 셀 홀더

핸드 로드용 '프레스'. 탄피에 탄환을 끼우거나 탄피를 리사이즈(다음 챕터 참고)하고 재사용할 때 이용한다.

탄피 리사이즈 ①
발사되면 탄피는 부푼다

한 번 쏜 탄피는 그대로 다시 약실에 장전하려고 해도 들어가지 않는다.(극히 위력이 낮은 탄환이라면 들어갈 수도 있지만 예외) 왜냐하면 발사 압력으로 팽창하기 때문이다. 다시 이용하려면 원래 사이즈로 리사이즈(resize)해 줘야 한다. 탄피를 리사이즈하려면 탄약 종류에 따라 리사이즈 다이(resize die)가 필요하다. 리사이즈 다이는 풀 리사이즈 다이와 넥 리사이즈 다이가 있다.

자동총에 사용된 탄피는 전체를 리사이즈(풀 리사이즈)해 줘야 장전이 가능하다. 그런데 볼트 액션 총에서 사용한 탄피는 목[넥] 부분만 다시 조절(넥 리사이즈)하면 적어도 사용한 총에는 장전해 발사할 수 있다.

탄환을 발사하는 화약의 힘은 탄피가 팽창하는 데도 사용된다. 화약 연소의 초기 단계인 만큼 탄피가 팽창할 때의 저항에 편차가 있으면 탄환 속도에도 편차가 생긴다. 그래서 정밀 사격을 할 때는 기본적으로 볼트 액션 총에 자기 총에 사용했던 탄피를 넥 리사이즈해서 전용 탄환을 제작하는 것(다른 총에는 장전하지 못할 수도 있음)이 좋다. 사격경기 선수는 당연히 넥 리사이즈를 한다.

너무 딱 맞아서 '여름에 만든 탄환을 겨울에 쓰려고 했더니 장전되지 않는' 일화도 있다. (기온이 낮으면 총신의 쇠가 수축한다. 같은 온도라도 탄피의 재료인 황동은 철만큼 줄어들지 않는다.) 이런 이유로 실전용 탄약은 풀 리사이즈를 권장한다.

리사이즈 다이의 구조

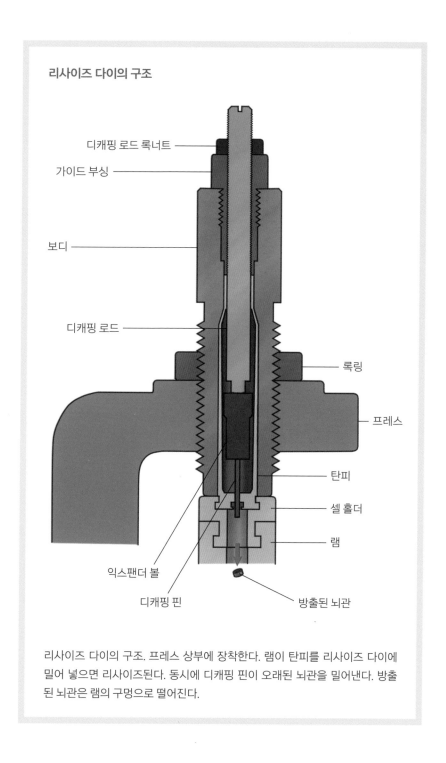

디캐핑 로드 록너트

가이드 부싱

보디

디캐핑 로드

록링

프레스

탄피

셀 홀더

램

익스팬더 볼

디캐핑 핀

방출된 뇌관

리사이즈 다이의 구조. 프레스 상부에 장착한다. 램이 탄피를 리사이즈 다이에 밀어 넣으면 리사이즈된다. 동시에 디캐핑 핀이 오래된 뇌관을 밀어낸다. 방출된 뇌관은 램의 구멍으로 떨어진다.

6-03 탄피 리사이즈 ②

리사이즈와 동시에 오래된 뇌관도 빠진다

리사이즈의 작업 순서를 살펴보자. 먼저 프레스에 탄피의 림을 물리는 셀 홀더와 리사이즈 다이를 장착한다. 리사이즈 다이는 록링의 위치를 조절해서 장착 높이를 조절할 수 있는데, 보통 핸들을 최대한 당겨 램이 가장 상승한 위치에서 셀 홀더와 리사이즈 다이가 정확히 접하도록 세팅한다. 위치가 정해지면 육각 렌치로 고정한다.

프레스하기 전에 탄피에 오일을 바른다. 스탬프 잉크 패드처럼 생긴 패드 위에 탄피를 굴리면서 오일을 묻힌다. 이어서 핸들(⓫)과 핸들 볼(⓭)을 당기면 램(❽)이 상승해 오래된 탄피가 리사이즈 다이로 밀려 들어가서 리사이즈된다. 이때 낡은 뇌관도 함께 빠진다.

리사이즈된 탄피는 오른쪽 그림과 같이 홈이 생기는 경우가 있다. 이는 오일을 너무 많이 발라 남은 오일이 일부에 집중돼 그 압력으로 탄피가 찌그러진 것이다. 하지만 오일을 충분히 바르지 않으면 마찰이 강해서 힘이 많이 들기 때문에 처음 리사이즈할 때는 탄피에 홈이 생길 각오로 넉넉하게 오일을 바르고, 거기서 점점 줄여가며 적당량을 찾아내는 게 좋다.

이렇게 찌그러진 탄피는 버리지 않아도 된다. 그대로 뇌관, 화약, 탄환을 조립해 발사해도 아무런 지장이 없다. 찌그러진 부분은 발사 압력으로 다시 교정돼 말끔한 형태가 되기 때문이다.

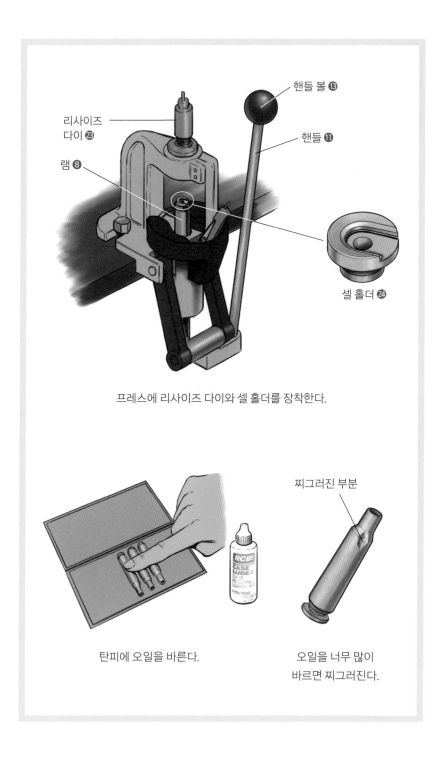

리사이즈
다이 ㉓

램 ❽

핸들 볼 ⓭

핸들 ⑪

셀 홀더 ㉔

프레스에 리사이즈 다이와 셀 홀더를 장착한다.

찌그러진 부분

탄피에 오일을 바른다.

오일을 너무 많이
바르면 찌그러진다.

6-04 뇌관 장착하기
뇌관은 라지와 스몰이 있다

뇌관은 특수한 것을 포함해 여러 종류지만 일반적으로 소총 탄약에 사용하는 뇌관은 지름 0.210인치인 라지 라이플 프라이머와 지름 0.175인치인 스몰 라이플 프라이머 두 종류다. 30-06이나 308, 혹은 45 ACP와 같이 지름이 큰 탄피에는 라지 라이플 프라이머를 사용하고 30 카빈, 223 레밍턴과 같은 소형 탄피에는 스몰 라이플 프라이머를 사용한다. 또한 같은 크기로 매그넘용 뇌관도 있는데 매그넘 탄약에 사용된 다량의 화약을 점화하기 위해 큰 화염을 일으킨다.

뇌관은 제조사마다 미묘한 차이가 있다. 똑같이 핸드 로드를 거친 탄약도 뇌관 제조업체가 다르면 초속이나 총강의 압력이 다르다. 그래서 다양한 뇌관을 보유하고 있는 것이 좋으며, 만약 화약을 안전 한계점까지 가득 채워 핸드 로드한다면 화약량이 같아도 'A사 뇌관은 위험할 정도까지 압력이 올라갔지만, B사의 뇌관은 안전했다.'와 같은 차이가 생길 수 있음을 명심해야 한다. 뇌관이 라지인지 스몰인지에 따라 플러그 앤드 슬리브(㉒)도 크기를 선택해서 장착한다.

여기까지 끝나면 다시 한번 탄피의 프라이머 포켓을 살펴보고, 이상이 없으면 탄피를 셀 홀더(㉔)에 끼운다. 뇌관을 플러그 앤드 슬리브의 홈에 올려놓은 후, 프라이머 암(⑭)을 램(⑧)의 홈에 밀어 넣고 핸들(⑪)을 올린다. 핸들을 올리면 램은 내려가고, 탄피의 프라이머 포켓은 뇌관이 놓인 플러그 앤드 슬리브에 눌려 뇌관이 탄피에 장착된다.

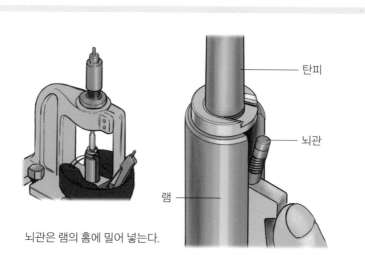

탄피

뇌관

램

뇌관은 램의 홈에 밀어 넣는다.

핸드 로드에 사용하는 화약, 뇌관, 탄환

다음으로 뇌관이 장착된 탄피에 화약을 충전한다. 화약은 다양한 제품이 시판되고 있는데 종류를 잘못 선택하면 위험하다. 필자는 예전에 화약 종류를 잘못 알고 M16을 부숴 먹은 적이 있다. 이런 실수를 막기 위해 '리로딩 매뉴얼' 또는 '리로딩 데이터 북' 관련 책이 출판돼 있다. 모두 미국 책이라 영어지만 영어를 전혀 못하는 사람도 표는 이해할 수 있을 것이다. 표의 데이터에 따라 핸드 로드하면 총에 결함이 없는 한 걱정할 필요 없다.

총을 다루는 세계에서는 화약이나 탄환의 질량(무게)을 '그레인'(grain)이라는 단위로 나타낸다. 1그레인은 0.0648g이다. 원래 보리 한 알의 무게에서 유래됐다. 7,000그레인은 1파운드다. 전용 파우더 스케일이라는 저울로 0.1그레인 단위까지 주의하면서 화약 무게를 측정한다. 다만 0.1그레인 정도의 미미한 오차는 다른 요소에 의한 불균형과 만나면 그다지 명중 정밀도에 큰 영향을 미치지 못하는 듯하다.

처음에는 스푼으로 화약을 떠서 파우더 스케일의 접시에 올려놓고 대략적인 양을 맞춘다. 그리고 아주 조금씩 화약을 부어서 적정량을 재는데 파우더 트리클러(powder trickler)라는 도구를 사용한다. 여기에 화약을 넣고 손잡이를 돌리면 파이프 끝으로 조금씩 화약이 나온다. 계량한 화약은 파우더 깔때기를 사용해 탄피에 붓는다. 액체를 붓는 깔때기와 달리 파우더 깔때기는 오른쪽 사진에서 보듯이 탄피 바깥쪽으로 씌우지만, 화약은 고체이기 때문에 문제가 없다.

파우더 스케일(왼쪽)로 한 발 분량의 화약 무게를 잰다. 미량의 화약을 추가할 때는 파우더 트리클러(오른쪽)를 사용한다.

계량한 화약은 파우더 깔때기를 사용해 탄피에 붓는다.

6-06 탄환 장착하기
탄환은 기선부에 접촉하도록 장착한다

탄피에 탄환을 장착하기 위해 이번에는 프레스에 시팅 다이(seating die, seater)를 장착한다. 먼저, 탄피를 셀 홀더에 끼운다. 그리고 탄피 위에 탄환을 올려놓고 핸들(⓫)을 내리면 램(❽)이 올라가면서 탄환과 탄피가 시팅 다이에 밀려 들어간다. 이렇게 하면 핸드 로드 탄약이 완성된다.

하지만 그 전에 탄환을 탄피에 어느 정도의 깊이로 밀어 넣을 것인지를 정해야 한다. 탄환을 밀어 넣는 깊이는 시터 플러그의 깊이로 조절한다. 탄피에 돌출된 탄환의 길이는 탄환이 기선부(起旋部. 강선이 시작되는 부분)에 딱 맞는 정도가 좋다. 왜냐하면 탄피가 탄환을 물고 있는 힘, 즉 탄피에서 탄환을 떨어트리기 위한 힘은 편차가 심하다. 이는 화약 연소가 시작하는 단계에서 일어나는 일이므로, 이 힘의 편차가 연소 시작에 영향을 미쳐 탄환의 초속 편차로 직결된다.

탄환이 기선부에 알맞게 닿아 있으면 탄피가 탄환을 물고 있는 힘에 편차가 있어도 극히 초기 단계의 연소에서는 탄환이 탄피에서 움직이지 않는다. 어느 정도 화약이 연소해 탄환을 강선에 잠식시키는 정도의 압력이 돼야 탄환은 비로소 탄피에서 빠진다. 이렇게 해서 탄피가 탄환을 물고 있는 힘의 편차에 따른 영향을 최소화할 수 있다. 주의할 점은 강선이 시작하는 위치가 총마다 미묘하게 다르다는 사실이다. 따라서 처음에 화약과 뇌관이 들어 있지 않은 더미탄을 만들어 장전해 보고, 그 위치를 찾아낸다.

탄환의 장착

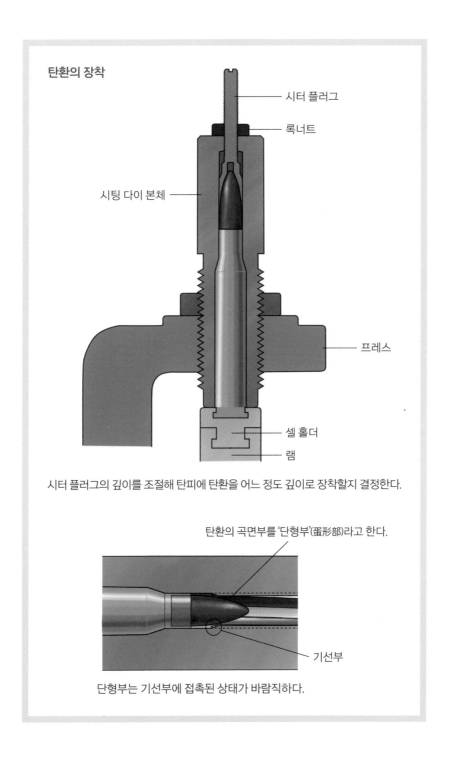

시터 플러그

록너트

시팅 다이 본체

프레스

셀 홀더

램

시터 플러그의 깊이를 조절해 탄피에 탄환을 어느 정도 깊이로 장착할지 결정한다.

탄환의 곡면부를 '단형부'(蛋形部)라고 한다.

기선부

단형부는 기선부에 접촉된 상태가 바람직하다.

초속과 강압

탄속계는 그리 비싸지 않다

힘들여 핸드 로드를 하고 나면 자작한 탄약이 얼마나 완성도가 높은지 탄환의 초속(初速)을 측정해 보고 싶어진다. 탄환 속도를 측정하는 기계는 예전에 터무니없이 비쌌지만, 지금은 그렇게 비싸지 않다. 오른쪽 사진은 크로니(Chrony)사의 탄속계이며 이외에 몇몇 회사에서 탄속계를 만들고 있다. 핸드 로드는 동일한 화약을 써도 뇌관에 따라 초속이 다르고 화약량에 따라서도 초속 변화가 심해서 한번 빠지면 끝없이 호기심이 생긴다.

초속은 이렇게라도 측정하면 되지만 강압(총강의 압력)을 측정하려면 총신 옆에 구멍을 뚫어야 해서 자신의 총으로는 사실상 불가능하다. 다만 발사 후 뇌관을 살펴보면 강압 정도를 대략 짐작할 수 있다.

❶ 뇌관 가장자리가 프라이머 포켓이 가득 차도록 펼쳐져 평평해졌다.

❷ 뇌관 가장자리가 가스 분출로 검게 오염됐다.

❸ 탄피가 강하게 눌어붙어 빼기 어렵다.

❹ 탄피를 배출했더니 뇌관이 빠진다.

탄약 종류에 따라서 다르지만, 필자의 경험으로는 ❷ 와 ❸ 은 극히 드물고 대부분 ❸ 에서 갑자기 ❹ 가 되는 느낌이다. 뇌관이 탄피 바닥으로 약간 튀어나오는 경우가 있는데, 이는 압력이 높아서가 아니라 오히려 너무 낮아서 생기는 결과로 가벼운 탄환에 연소 속도가 느린 발사약을 사용했을 때 일어난다. 즉 탄피를 부풀릴 정도의 압력이 가해지지 않았기 때문에 뇌관만 살짝 밀려 나온 것이다.

탄속계. 두 점을 통과했을 때의 시간 차로 탄환 속도를 측정한다. (이 탄속계는 형광등 불빛 아래에서는 정상적으로 작동하지 않는다.)

왼쪽은 정상적인 압력을 받은 뇌관. 오른쪽은 한계치까지 압력을 받아 프라이머 포켓이 가득 차도록 펼쳐진 뇌관.

한계치가 넘어 뇌관이 빠져버린 탄피. 이런 문제가 생겨도 총이 부서지거나 사람이 다치는 정도는 아니다.

감장탄 만들기
화약량을 절반으로 줄인 연습용 탄약

근거리(50~100m) 연습용 탄약이라면 화약량을 줄여 경제적으로 리로드할 수 있다. 예를 들어 30-06이나 308은 보통 150~180그레인의 탄환을 45~50그레인의 화약량으로 발사하는데, 근거리라면 110그레인 정도의 가벼운 탄환을 쓰고 화약량도 절반 정도로 맞춘다.(감장탄)

화약량을 절반 정도로 줄이면 M1 카빈이나 권총에 사용하는(예를 들어 IMR4227 혹은 IMR4198 등) 속연성 화약을 사용한다. 그렇지 않으면 정상적으로 연소하지 않는다. 그런데 이처럼 연소 속도가 빠른 화약을 실수로 탄피 가득 채우고 발사하면 총이 파손될 수도 있다.

화약을 반만 넣으려고 했는데 실수로 반을 두 번 넣은 것(더블 차지라고 함)을 모르고 만든 탄약을 발사해서 사고가 가끔 일어난다. 이런 실수를 방지하려면 탄피 용적의 절반 이하와 같은 화약량 설정은 해서는 안 된다. 절반보다 많은 설정을 해두면 두 번 넣었을 때, 탄피가 넘치므로 실수를 알게된다. 예를 들면 30-06 탄피에 110그레인의 탄환을 사용한다고 하자. 여기에 IMR4227이라는 화약을 25그레인 넣으면 화약량이 너무 적어서 압력이 낮아 탄피가 부풀지 않는다. 그러면 화약 연소가스가 완전히 차단되지 않아 위험할 정도는 아니지만 얼굴에 열풍이 불어온다. 이 경우에는 화약량을 30그레인 정도 충전하지 않으면 정상적으로 사용할 수 없다. 그래서 30그레인을 충전하기로 설정하면 화약을 실수로 2번 넣더라도 탄피에서 화약이 넘치기 때문에 실수를 막을 수 있다.

더블 차지를 범하기 쉬운 설정의 예

이전에 필자는 30-06을 6.86mm로 좁힌 270 윈체스터를 애용했다. 이것으로 경장탄을 만들면 90그레인의 탄환을 25그레인의 IMR4227이라는 화약으로 정상 발사할 수 있다. 가벼운 탄환을 적은 화약으로 발사할 수 있어 반동이 가벼울 뿐만 아니라 270의 90그레인이 구경 30의 110그레인보다 소총탄다운 형태라서 보다 정확한 사격이 가능했다.

그러나 25그레인이라는 화약량 설정은 조심하지 않으면 탄피에 화약을 두 번 넣을 수 있다. 만약 화약을 두 번 넣은 탄약으로 쏘면 총이 파괴될 수도 있다. 필자는 탄피에 화약을 넣을 때 탄환을 손으로 들고 있다가 곧장 프레스로 가서 탄피에 탄환을 붙여버렸다. 이렇게 하면 화약이 들어 있지만, 탄환이 붙어 있지 않은 탄피는 항상 손에 들고 있는 한 개뿐이다. 하지만 이런 화약량 설정은 사고 방지의 관점에서 보면 바람직하지 않으니 추천하지 않는다.

핸드 로드를 하지 않는 사냥꾼이 버리고 간 30-06을 사격장에서 주워 와 270으로 만들어 사용했다. 아주 경제적이다.

6-09 탄피 수명은 얼마나 될까?

탄피는 몇 번이나 사용할 수 있을까?

탄피는 여러 번 핸드 로드하는 사이에 입구 부분이 점점 늘어난다. 탄피를 리사이즈한다는 것은 발사 압력으로 팽창한 탄피를 원래 치수로 압축하는 것이지만, 장치 구조상 탄피의 입구는 눌리지 않기 때문에 늘어난다. 탄피가 너무 늘어나면 약실에 들어가지 않으므로 상한선을 정하고 이를 초과한 탄피는 깎아서 치수를 교정해야 한다. 시판되는 케이스 트리머(case trimmer)라는 도구를 이용해 주로 작업하지만, 줄칼로 갈아내도 문제없다. 늘어난 것을 점검하기 위한 게이지도 있는데, 버니어 캘리퍼스(vernier calipers)로 측정해서 작업해도 된다.

위로 늘어난다는 것은 탄피 두께가 점점 얇아진다는 의미이므로 언젠가는 찢어지고 만다. 수명은 십여 번에서 수십 번까지 편차가 있지만 대여섯 번 정도는 아니다. 필자는 파열된 탄피를 본 적이 있지만, 보통 보디가 찢어지기 전에 넥 부분에 균열이 생겼다. (넥 리사이즈를 많이 한 것일 수 있다.)

늘어난 탄피를 잘라서 교정한 후에는 탄피 입구 부분의 버(burr. 거칠게 일어난 부분)를 제거해야 한다. 늘어난 탄피를 깎아낸 후가 아니라도 주의하지 않으면 버가 생길 수 있다. 버를 그대로 두면 탄환을 장착할 때 흠집이 생기거나 비스듬히 장착되는 등 정상적인 장착을 방해한다. 이를 방지하기 위해 디버링 툴(deburring tool)을 사용해 마우스 바깥쪽과 안쪽을 다듬는다.

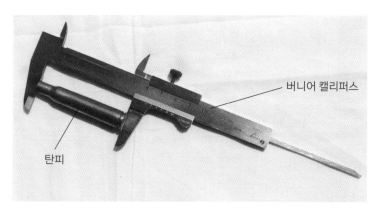

버니어 캘리퍼스

탄피

탄피는 한 번 리사이즈하면 0.1~0.3mm 늘어난다. 몇 번 반복하면 약실에 들어가지 않으므로 사진과 같이 버니어 캘리퍼스로 치수를 점검해야 한다.

탄피   커터

핸들

케이스 트리머. 핸들을 돌리면 커터가 회전해 늘어난 탄피의 입구 부분을 자른다. 필자는 줄로 갈아내는데 정확하고 신속히 작업하려면 역시 케이스 트리머가 필요하다.

디버링 툴

깎은 후에 버는 디버링 툴로 다듬는다.

제작에 실패한 탄약 분해하기
불릿 풀러로 탄환 뽑기

핸드 로드를 하다가 탄환이 뒤틀리거나 비스듬히 장착하는 등 불량이 생기면 어떻게 할까? 사용할 수 없어도 탄약이기 때문에 그대로 버릴 수는 없다. 이때는 탄환을 뽑고 화약을 빼내야 한다. 변형된 탄피나 탄환은 화약과 뇌관을 뽑으면 그저 불연성 쓰레기일 뿐이다.

탄환을 제거하는 가장 간단한 공구는 해머 모양을 한 임팩트 불릿 풀러(impact bullet puller)다. 콜릿(collet)이라고 하는 부품에 탄피의 림을 걸어 탄약을 해머 내부에 가둔 후, 탄약 머리를 아래를 향하게 하면 망치 안의 공간에 매달린 형태가 되는데 바위나 콘크리트를 세게 두드리면 관성 때문에 탄환이 탄피에서 빠진다. 큰 탄환보다 작은 탄환이 가볍기에 해머를 세게 두드려야 한다. 콜릿은 탄피 크기에 따라 3종류로 구분해 사용한다.

오른쪽 아래 사진에 보이는 불릿 풀러는 리사이즈 다이를 장착하는 것과 마찬가지로 프레스에 장착해 사용하는데, 구경별 전용 불릿 풀러가 있다. 램에 세팅된 셀 홀더에 탄약을 넣어서 프레스 핸들을 내리면, 램이 상승해 탄약이 불릿 풀러 안으로 밀려 들어간다. 이때 불릿 풀러 핸들을 돌리면 내부의 갈퀴가 탄환을 단단히 물기 때문에 프레스 핸들을 올리면 탄피를 물고 있던 램이 내려와 탄환은 불릿 풀러 안에 남는다. 오래된 뇌관을 뽑을 때와 같은 요령으로 천천히 누르면 뇌관이 안전하게 빠진다.

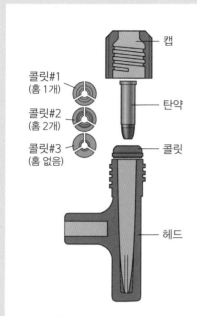

캡

콜릿#1
(홈 1개)

콜릿#2
(홈 2개)

콜릿#3
(홈 없음)

탄약

콜릿

헤드

해머형 임팩트 불릿 풀러의 구조

해머형 임팩트 불릿 풀러

프레스에 설치해 사용하는 불릿 풀러

터보 텀블러로 탄피 닦기

무연화약을 사용한 탄피는 그다지 더러워지지 않으므로 몇 번을 사격한 후 닦지 않고 재사용해도 아무 문제가 없다. 그러나 시커멓게 오염된 탄피는 보기에도 안 좋고 깨끗한 편이 흠집을 발견하기에도 쉽다. 더러워진 탄피는 터보 텀블러라는 기계로 닦는다. 터보 텀블러 안에는 잘게 부순 호두 껍데기가 들어 있는데, 여기에 탄피 수십 개를 넣고 스위치를 켜면 진동하면서 탄피가 깨끗이 닦인다.

호두 껍데기가 더러워진 탄피를 청소한다.

총 손질하기

아무리 값비싼 저격총이라도 정밀 사격을 하려면 평
소에 제대로 손질해야 한다. 여기에서는 총을 손질하
는 방법부터 총 손질에 빼놓을 수 없는 도구까지 설
명한다.

7-01 화약으로 총은 녹슬지 않는다
흑색화약에 녹슬지만 무연화약에 녹슬지 않는다

흑색화약 시대에는 총강을 닦으면 '굴뚝 청소'인가 싶을 정도로 검은 그을음이 나왔다. 유황산화물을 함유한 흑색화약의 연소가스는 총을 쉽게 녹슬게 했다. 그러나 무연화약 시대가 되자, 사격 탓에 총이 오염되는 일은 흑색화약 시대와 비교할 수 없을 정도로 줄었다. 애초에 무연화약의 연소가스로는 총이 녹슬지 않기 때문이다.

19세기에서 20세기 초까지는 탄약의 뇌관으로 뇌홍(雷汞. 뇌산제2수은)을 사용했는데, 이는 총강을 녹슬게 하는 성질이 있다. (장기 보관 중에 자연 분해하는 성질이 있고 수은이 원료라서 고가이기도 했다.)

그러다가 미국에서는 제2차 세계대전 직전부터, 일본에서는 전쟁이 끝난 후부터 트리시네이트(tricinate) 뇌관을 사용했다. 이후 화약 탓에 총이 녹스는 경우는 사라졌고, 손의 땀이나 공기 중의 수분이 총을 녹슬게 하는 주요 원인이 됐다.

그렇지만 무연화약이 아예 그을음을 내지 않는 것은 아니다. 그을음을 방치하면 습기가 차는 원인이 되기 때문에 오랜 시간이 지나면 녹이 슬 수도 있다. WD-40 같은 방청윤활제를 뿌려두면 괜찮지만, 오일과 카본이 섞여 검고 축축한 상태로 두면 모래나 먼지가 달라붙기에 십상이므로 평소 그을음이 손가락에 묻어나지 않을 정도로 닦아주는 게 좋다. 참고로 사격할 때 흔히 '화약 냄새'가 난다고 하는데, 사실 무연화약은 타도 냄새가 나지 않는다. 뇌관의 트리시네이트가 타는 냄새다.

흑색화약은 엄청난 그을음이 생겨 총신을 물통에 쑤셔 넣고 씻어야 했다. 물통의 물이 시커멓게 변할 정도다.

사격하면 나는 냄새는 화약 냄새가 아니라 뇌관이 타는 냄새다.

구리 제거하기
총강 손질은 '구리'를 제거하는 것

총강 이외에 묻은 카본은 간단하게 제거할 수 있다. 자동차 정비용품의 부품 클리너를 뿌리고, 폴리프로필렌 부직포로 문질러주면 깔끔하게 닦인다. 그냥 간편하게 방청윤활제 WD-40을 뿌리고 천으로 문질러만 줘도 충분하다. 총강에는 카본이 다소 묻어 있어도 문제없다. 오히려 꽂을대를 지나치게 많이 사용하면 총구를 마모시켜 총 수명이 줄어든다.

명중 정밀도에 영향을 미치는 것은 사실 카본이 아니라 구리다. 탄약 표면은 구리로 돼 있는데, 총강 내부는 사격을 하는 동안에 구리로 도금한 것과 같은 상태가 된다. 이렇게 달라붙은 구리는 꽂을대 끝에 천 조각을 달고 기름을 묻혀 쓱쓱 문질러도 떨어지지 않는다.

총강에 달라붙은 구리를 제거할 때는 보어 솔벤트(bore solvent)라는 약품을 사용한다. '솔벤트'란 '약하게 하는 것, 묽게 하는 것'과 같은 의미로 솔벤트라는 화학물질이 따로 있는 것은 아니다. 다양한 솔벤트가 있는데 총포상에 가면 여러 제조사가 내놓은 총강 솔벤트를 볼 수 있고, 가끔 신제품도 출시된다.

이 약품들은 구리를 녹이는 성분으로 암모니아를 사용하거나 인체에 유해한 성분을 포함하는 경우가 많아 설명서를 잘 읽고 사용해야 한다. 지금 필자에게 있는 제품도 용기에 'POISON'이라고 적혀 있다. 다른 하나는 독성이 없는 것 같지만 성능이 조금 떨어지는 듯하다. 이런 제품으로 총강을 손질하면 방청윤활제를 따로 바르지 않아도 총강이 녹슬지 않는다.

구리를 제거하는 데 사용하는 '보어 솔벤트'는 여러 가지 제품이 있어 무엇을 선택할지 망설일 정도다.

총신을 소중히 관리하려면 몇 개의 봉을 이어붙이는 이음식 꽂을대가 아니라 한 자루로 된 일체형 플라스틱 코팅 꽂을대를 사용하는 게 좋다. 이음식은 똑바로 연결되지 않는 경우가 많으며, 코팅이 돼 있지 않으면 총강에 흠집을 낼 수도 있다.(7-03 참고)

7-03 총강 손질하기
꽂을대를 약실 쪽으로 넣는 이유

총강을 손질할 때는 꽂을대를 약실 쪽으로 넣어 청소하는데, 절대 총구 쪽으로 넣으면 안 된다. 왜냐하면 꽂을대가 왕복하면서 총구에 닿아 상처를 낼 수 있기 때문이다. 물론 100~200회 정도 손질했다고 해서 금세 마모돼 명중 정밀도가 떨어지지는 않는다.

하지만 앞에서 언급했듯이 총신의 쇠는 의외로 부드럽다. 수천 번 마찰이 일어나는 사이에 총구가 나팔 모양, 그것도 뒤틀린 나팔 모양으로 퍼지면 결과적으로 명중 정밀도가 낮아진다.

볼트 액션총이라면 노리쇠를 빼고 손쉽게 뒤에서 꽂을대를 넣을 수 있지만, 자동총이라면 종류에 따라서는 불가능할 수도 있다. 예를 들면 M1 라이플, M1 카빈, BAR 등이다. 꽂을대를 총구 쪽으로 삽입하는 것은 어쩔 수 없다고 해도 이때 꽂을대가 총구부에 닿지 않도록 해줄 장치가 필요하다. 이런 장치가 애초에 총의 부속품에 포함돼 있지 않은 이유는 자동총 사용자가 애초에 높은 명중 정밀도를 기대하지 않기 때문일 것이다. 참고로 M16은 테이크 다운(브레이크 액션식인 산탄총의 약실을 열듯이 총을 접은 상태)해서 약실 쪽으로 꽂을대를 넣을 수 있다.

군대에서는 짧은 봉을 몇 개씩 이어서 사용하는 유형의 꽂을대를 사용한다. 전장에서 쉽게 휴대할 수 있기 때문이다. 그런데 이렇게 몇 개의 봉을 이어붙이는 이음식은 똑바로 연결되지 않는 경우도 많다. 이런 일을 방지하려고 사격 선수는 물론이고 많은 사냥꾼이 이음식이 아닌 한 자루로

된 일체형을 사용하는데, 꽂을대의 축이 총강 보호를 위해 플라스틱으로 코팅돼 있다.

M1 카빈 같은 미국제 자동총은 약실 쪽으로 꽂을대를 넣을 수 없는 구조가 많다. 설계상의 단점이다.

M16은 로어 리시버를 제거하고, 약실 쪽으로 꽂을대를 넣을 수 있다.

7-04 꽂을대 사용하기 ①
클리닝 로드 가이드 사용하기

총신을 소중하게 다루는 사람은 약실 쪽으로 꽂을대를 밀어 넣을 때 노리쇠를 제거한 부분에 클리닝 로드 가이드(cleaning rod guide)라는 장치를 장착하기도 한다. 이 장치는 노리쇠와 같은 모양인데 꽂을대가 통과하도록 구멍이 뚫려 있다. 꽂을대를 총구 쪽으로 넣는 것보다 약실 쪽으로 넣는 것이 훨씬 바람직하지만, 꽂을대가 덜컹거리다가 약실의 출구나 강선이 시작하는 부분에 닿아 마모를 일으키면 명중 정밀도를 떨어뜨릴 수도 있어 이를 방지하고자 사용하는 장치다. 클리닝 로드 가드는 꽂을대를 삽입한 상태로 솔벤트를 바를 수 있게 가이드에 솔펜트 주입구가 있는 유형을 추천한다.

군용 꽂을대는 끝에 천 조각을 끼우는 구멍이 있으며, 어떤 천이든 잘라서 사용할 수 있어 전장에서 편리하다. 다만 사격 선수나 경험 많은 사냥꾼은 천 조각이 아니라 원기둥 모양의 전용 펠트(felt)를 사용하는 사람도 많다. 흔히 마카로니 패치라고 한다.

꽂을대는 사용 방법에 따라 끝단 모양이 다르다. 먼저 펠트를 사용하는 꽂을대는 끝단이 꺼칠해서 가운데 구멍이 나 있는 펠트를 끼워서 사용한다. 그리고 천 조각을 사용할 때는 군용 꽂을대처럼 끝단에 천 조각을 끼우는 구멍이 나 있는 꽂을대가 있는가 하면, 아무런 구멍이 없는 꽂을대도 있다. 꽂을대에 구멍이 없으면, 클리닝 로드 가이드를 이용해서 한쪽 방향으로만 천 조각을 쭉 밀어내면 되기 때문에 별도로 천 조각을 끼울 필요가 없다. 꽂을대 끝단의 쇠붙이를 '재그'(jag)라고 하는데 이를 이용해 천 조각을 밀어낸다.

총에서 제거한 노리쇠(위), 필자가 직접 만든 클리닝 로드 가이드(가운데), 기성품 클리닝 로드 가이드(아래)

꽂을대의 끝단 모양. 마카로니 패치용(위), 천 조각용(가운데), 군용(아래).

꽂을대 사용하기 ②

반드시 구리 브러시여야 하는가?

천 조각(혹은 펠트)을 끼운 꽂을대를 클리닝 로드 가이드에 조금씩 밀어 넣는다. 그리고 솔벤트 주입구와 천 조각의 위치를 맞추고, 천 조각에 솔벤트가 스미게 한다. 총강에 솔벤트를 충분히 바르려면 크기가 작은 재그를 사용하거나 한 단계 작은 펠트(7.62mm인 총에 7mm 펠트를 사용함)를 사용하면, 헐렁한 상태로 꽂을대를 삽입할 수 있어서 솔벤트가 총강에 넉넉히 도포된다. 최근에는 약실에 곧바로 스프레이하는 제품도 등장했다.

이후 5~10분간 총구를 솔벤트에 적셔진 상태로 방치한다. 다만 솔벤트 종류에 따라서는 15분 이상 지나면 굳는 제품도 있으니 10분 이상은 두지 않도록 한다. 다음으로 꽂을대의 끝을 브러시로 교체한다. 옛날에는 구리 브러시가 아니면 총강에 달라붙은 구리를 제거할 수 없다고 생각했다. 구리 브러시는 탄약의 구리보다 단단한 인청동(燐青銅)으로 만들어졌다. 최근에는 솔벤트가 좋아져서 "나일론 브러시로 충분하다."라는 의견이 많으며 "브러시로 문지를 필요 없이 천 조각이면 충분하다."라는 의견도 있다.

브러시로 문지르는 횟수는 10회 왕복하는 정도가 적당하다. 구리 브러시가 새 제품이면 통과시키기 매우 힘들어서 왕복하지 않고 한쪽 방향으로만 밀어 넣는 사람도 있다. 즉, 총구로 브러시가 나오면 나사를 풀어서 빼내고, 꽂을대도 빼낸 후 다시 조립해 삽입하는 과정을 반복한다. 번거롭지만 이래야 총강 보호에 유리하다. 왜냐하면 뇌관의 연소가스에는 유리만큼 단단한 미립자가 있는데 브러시를 왕복하면 총강에 손상을 입히기 때문이다.

제거한 노리쇠 대신에 클리닝 로드 가이드를 장착한다. 이어서 클리닝 로드(꽂을대)를 삽입하고 천 조각에 솔벤트를 주입한다. 군용 꽂을대와 달리 꽂을대에 천 조각을 끼우지 않기 때문에 끝까지 밀어 넣기만 하고 왕복은 하지 않는다.

총강에 직접 뿌리는 솔벤트도 있다.

7-06 약실 관리도 중요

약실이 녹슬면 발사 후 탄피 배출에 문제가 생길 수 있다

구리를 녹이는 약품을 사용하고, 브러시를 왕복하며 손질하기 때문에 브러시는 점점 짧아질 수밖에 없다. 게다가 브러시를 솔벤트가 묻은 상태로 그냥 두면 쉽게 망가지므로 등유 또는 휘발유로 세척해 주는 게 좋다. 등유나 휘발유를 넣은 500ml 정도의 페트병 안에 꽂을대 끝에 붙은 브러시를 넣고 휘젓듯이 세척한다. 앞에서 말한 것처럼 구리 브러시를 사용하지 않아도 된다는 주장도 설득력을 얻는 추세이므로 참고하자.

이어서 이번에는 총강에 꽉 끼게 펠트나 재그의 크기를 바꿔가며 그을음이 묻어나오지 않을 때까지 총강을 깨끗이 닦는다. 마지막으로 방청윤활유를 펠트나 천 조각에 적셔 총강 안을 얇게 도포하면 총강 손질은 완료다.

약실도 깨끗이 청소하고 방청을 해둬야 한다. 약실은 녹슬어도 명중 정밀도에 영향을 주지 않지만, 총의 기능 자체에 문제가 생길 가능성이 크다. 약실 브러시를 넣어 돌리듯이 문지르고, 마지막으로 방청윤활유가 묻은 천을 브러시에 감싸서 닦는다.

또한 다음번 총을 쏠 때 총강에 칠한 방청윤활유를 깨끗이 닦고 쏘는 것이 좋다. 총강에 기름이 남아 있으면 명중 정밀도가 떨어지고 약실에 기름이 남아 있으면 카본 축적이 심해진다. 하지만 저격병이라면 몰라도 일반인의 소총 사격이라면 총강에 기름이 다소 남아도 명중 정밀도에 변화를 거의 느끼지는 못한다.

솔벤트를 적신 구리 브러시는 등유나 휘발유를 담은 작은 병에 넣어서 솔벤트를 깨끗이 제거한다.

녹 방지에 추천하는 방청윤활유 WD-40. 총강 안에 남은 솔벤트를 천 조각으로 닦아낸 뒤 WD-40을 뿌려서 방청한다. 금속 부분 전체에 바른다.

7-07 스코프 손질하기
카메라 관리 용품을 그대로 사용한다

스코프는 외관, 특히 렌즈를 청결하게 유지하는 것 이외에는 특별히 손질할 만한 곳이 없다. 스코프 내부에는 건조한 불활성 가스가 봉입돼 있어 분해하면 외부 공기가 들어가 습기가 차기 쉽다. 그래서 '손질'이라고 해봐야 렌즈 표면 정도다. 렌즈 표면은 민감해서 애초에 웬만하면 더러워지지 않도록 항상 캡을 씌우고 후드를 달아, 이물질과의 접촉을 피하도록 유의해야 한다.

먼지가 달라붙으면 블로어(blower)로 공기를 불어 넣거나 블로어 브러시로 공기를 뿜으면서 문질러 떨어뜨린다. 그래도 떨어지지 않으면 카메라 가게에서 파는 렌즈 클리닝 페이퍼에 렌즈 클리너액을 묻혀 닦아낸다. 휴지로 닦으면 딱딱한 불순물 미립자가 포함돼 있을 가능성이 있어 좋지 않다. 이들 도구는 카메라 손질용으로 파는 제품을 그대로 사용하면 된다. 오른쪽 사진을 보면, 세트 제품이 꼭 필요한 도구로만 잘 구성돼 있다. 총이나 카메라와 함께 소지하면서 야외 활동을 할 때 렌즈에 오염이 생기면 사용해도 좋겠다고 생각했는데, 이 책을 집필하는 중에 잦은 이동에 더 편리한 제품이 있다는 사실을 알았다. 하쿠바 사진 산업의 '렌즈펜'이라는 제품으로 만년필처럼 생겼다. 꽤 괜찮은 것 같아서 야외 활동마다 휴대할 생각이다.

카메라 가게에서 구입한 렌즈 클리닝 세트. 물론 이것도 좋다.

하쿠바 사진 산업의 렌즈펜

스코프 렌즈를 손질 중인 모습

총상 손질하기

옛날 총 또는 요즘에도 나오는 고급 사냥총은 총상을 호두나무 같은 목재로 만든다. 목제 총상은 오일 마감이라고 해서 아마인유라는 식물유를 적셔서 닦는다. 이 오일은 공기 중 산소와 결합하면 굳는 성질이 있어 발라서 문지르면 표면이 플라스틱처럼 광택이 난다. 다만 플라스틱과는 달리 미끄러지지 않는다는 이점이 있다.

아마인유가 굳으려면 오랜 시간이 걸리기 때문에 아래 사진에 보이는 첨가제를 넣어 빨리 굳도록 한 개량 제품도 있다. 최근에는 좋은 목재가 부족하고, 만드는 데 시간과 수고가 든다는 이유로 목제 총상이지만 '니스 마감'이나 '폴리우레탄 마감'인 경우가 많다. 이런 총상은 플라스틱 총상과 마찬가지로 중성 세제를 묻힌 천 또는 냅킨 같은 종이 수건(타월)으로 더러운 부분을 닦아주면 된다.

Tru-Oil. 아마존 같은 인터넷 쇼핑몰에서 구매할 수 있다.

야전 매뉴얼

저격은 상대방에게 자신의 위치가 발각되면 성공하지 못한다. 그래서 저격수는 다양한 방법으로 몸을 숨긴다. 여기서는 위장법부터 감시, 수색 기술, 거리 측정법, 바람 읽는 법 등을 설명한다.

8-01 야전 매뉴얼의 기본 알기
기본은 일반 보병과 같다

저격수(사냥꾼도 포함)가 알아야 할 작전 지역에서의 행동(야전) 요령을 다룬 책은 이미 많다. 이 책은 총이나 탄약 등 하드웨어적인 측면을 설명하는 것이 주목적이므로 야전 기술과 관련해서 자세한 설명은 하지 않을 생각이다. 다만 저격수의 야전 기술 중에서 특히 중요한 사항만 간추려서 설명하겠다.

저격수가 명심해야 할 야전 기술은 기본적으로 일반 보병과 같거나 좀더 상세한 정도다. 병사들이 전선에서 가장 명심해야 할 수칙은 적에게 발각되지 말 것, 총에 맞지 말 것, 죽지 말 것, 적을 찾아 사살할 것이다.

적에게 발각되지 않고, 총에 맞지 않고, 죽지 않으려면 은폐, 위장, 엄폐에 유의해야 한다. 은폐는 적이 볼 수 없도록 숨는 것이다. 초목이 우거진 야산이라면 초목 뒤, 시가지라면 벽이나 담장 뒤에 숨는 것도 은폐다. 위장은 다음 챕터에서 설명한다.

엄폐는 어떤 차폐물을 이용해 적의 사격에 피해를 보지 않도록 하는 것이다. 일반적으로 둑의 뒤편이나 구덩이에 몸을 숨기고 적의 사격을 피하는 것을 말한다. 포탄이나 폭탄, 방사선 등으로부터 몸을 숨기는 것까지 포함하기도 한다.

적의 사격으로부터 몸을 보호할 수 있는 장소를 엄폐부라고 하며, 엄폐를 목적으로 만든 설비를 엄체(掩體)라고 한다. 참고로 탄환을 막으려면 흙의 두께는 1m 이상이어야 한다.

은폐란 적에게 발각되지 않도록 숨는 것을 말한다.

엄폐는 적의 사격에도 피해를 보지 않도록 튼튼한 엄폐물에 몸을 숨기는 것이다. 엉성한 초목 뒤에 숨으면 적탄이 뚫고 들어온다.

8-02 위장이란 무엇인가?

적에게 발견되지 않으려면 이렇게 한다

위장이란 적이 다른 무언가로 오인하게끔 외관을 꾸미는 것이다. 일반적으로 초목이 우거진 곳에서 몸을 풀이나 나뭇잎으로 치장해서 초목과 구분하지 못하게 하는 것을 말한다. 시가지처럼 인공물이 많은 곳에서는 인공물로 위장하기도 한다.

앞서 말한 은폐뿐만 아니라 위장을 시도할 때는 적병이 동원하는 다양한 정찰 및 감시 수단, 즉 육안을 비롯한 적외선 카메라, 레이더, 항공기 등으로부터 발견되지 않도록 궁리해야 한다.

위장을 카모플라주(camouflage)라고도 하는데, 원래는 '숨기다'라는 뜻의 프랑스어로 제1차 세계대전 때부터 영어권에서도 사용했다. 적에게 발견되지 않으려면 무엇보다 빛 반사를 주의해야 한다. 빛을 반사하는 장신구는 애초에 착용하지 말아야 하는데, 의외로 손목시계도 빛을 잘 반사하기 때문에 장갑이나 옷소매 아래에 숨겨야 한다. 안경이나 고글을 쓰고 있다면 얼굴을 베일로 덮는 게 좋다. 쌍안경을 사용할 때도 베일로 덮는다. 부주의하게 쌍안경을 사용해서 적에게 발견돼 총에 맞았다는 사례는 아주 많다.

쌍안경이나 망원경, 스코프 등 광학기기를 사용할 때는 태양의 위치를 확인하고 자신이 사용하는 장비가 어느 방향으로 빛을 반사하는지 점검해야 한다. 스코프나 망원경 렌즈에는 빛을 반사하는 방향을 최소화하기 위해 후드를 다는 게 좋다.

얼굴에 위장 크림을 바르고 풀로 몸을 위장한 저격병의 모습. 스코프의 대물렌즈 앞에는 허니콤을 장착해 빛 반사를 방지했다. (사진 : 미국 해병대)

위장 크림

모기 퇴치 효과도 있는
얼굴용 위장 그물

8-03 길리 슈트로 위장하기
저격병은 위장복을 직접 만든다

위장복은 해당 지역의 배경에 적절히 녹아드는 색채여야 효과적이다. 하지만 위장복이라도 피복 표면은 배경의 초목과 다소 이질감이 있다. 진짜 초목이 빛을 반사하는 느낌과 미묘하게 다르다. 이 점을 극복하려면 위장복을 입어도 여전히 몸에 풀이나 나뭇잎을 달고 입체적으로 위장해야 한다.

특히 헬멧의 윤곽(저격병은 헬멧을 쓰지 않고 부니햇을 쓰는 경우가 많다.)이나 머리에서 어깨로 이어지는 선은 눈에 잘 띄므로 이 부분을 가릴 수 있게 풀이나 나뭇잎을 붙이는 것이 중요하다. 초목의 잎을 몸에 붙이고 위장하는 것은 효과적이지만 지나치게 큰 것을 붙이면 바람에 날리거나 움직일때 눈에 띄기 때문에 역효과다. 또한 초목의 잎은 이동 중에 떨어지거나 시간이 지나면 시들기 때문에 틈틈이 관리해야 한다.

저격병들은 이런 이유로 다수의 삼베 버랩(burlap)을 늘어트려 만든 길리 슈트(ghillie suit)를 애용한다. 천 조각이 풀어져서 끈 모양으로 된 상태가 위장 효과가 더 높다. 길리 슈트는 몸의 윤곽을 입체적으로 흩트려놓기 때문에 빛 반사를 현저히 둔화시킨다. 또한 몸을 움직일 때 나뭇잎보다 더 조용하다는 장점도 있다.

다만 길리 슈트는 물에 젖으면 상당히 무거워진다. 그래서 위장색 플라스틱 섬유를 나뭇잎이라기보다는 해초를 연상시키는 형태로 잘라 길리 슈트처럼 만든 위장복도 있다. 가볍고 적외선 탐지도 쉽지 않아 효과적인 위장이 가능하지만, 내구성이 약해서 파손되기 쉽다는 단점이 있다.

길리 슈트. 사진에 보이는 길리 슈트는 기성품이지만, 실제 저격병은 작전 지역의 배경에 녹아들 수 있도록 최적의 길리 슈트를 스스로 제작한다.

8-04 빛 반사 방지
피부의 빛도 반사해서는 안 된다

스코프 같은 광학기기나 시계는 물론이고 사람 피부도 빛을 반사한다. 사람 피부는 희든 검든 자연계에서 쉽게 찾아볼 수 없는 특유의 매끄러움이 있어 눈에 잘 띈다. 그래서 병사들은 얼굴에 위장 크림이나 진흙 등을 발라 (혹은 방충망을 겸해 베일로 얼굴을 가리기도 한다.) 빛 반사를 막고 장갑을 껴서 피부를 노출하지 않는 것이 상식이다.

당연히 벨트나 배낭의 버클 등도 빛을 반사하지 않도록 무광 페인트를 바르거나, 와이어 브러시 또는 거친 사포로 문질러서 표면을 거친 상태로 만든다.

군용총은 빛을 반사하지 않도록 무광 표면 처리가 돼 있지만 부족한 부분도 있어서 위장해 주는 게 좋다. 군용총은 위장 도장을 하거나 위장 테이프를 붙이는 것보다 역시 천으로 감싸는 것이 효과적이다. 이때 총의 기능이 떨어지지 않도록 주의해서 감싸야 한다.

자신의 위장된 모습은 자기가 볼 수 없다. '위장이 정말 배경에 잘 녹아 있는지', '뭔가 결점은 없는지' 등은 전우끼리 서로 확인하면서 문제점을 수정하자.

덧붙여 아무리 교묘하게 위장해서 육안으로는 도저히 알아볼 수 없는 수준이라고 해도 오늘날에는 열영상 카메라 같은 감시 수단이 있다는 사실을 잊어서는 안 된다. 이런 첨단 장비에도 노출되지 않도록 긴장을 늦추지 말고, 은폐에도 최대한 주의를 기울여야 한다.

위장색 총 커버는 총포상에서 판매한다. 이것을 베이스로 총 종류에 따라 가공해서 총의 위장 커버를 만든다. 스코프에는 위장 테이프를 붙인다.

위장색을 띤 총 커버로 위장한 저격총

8-05 소리도 내지 말고 냄새도 풍기지 말라

탄약은 클립으로 정리

적에게 발견되지 않으려면 모습을 보이지 않도록 하는 것은 물론이고 소리나 냄새도 감지되지 않도록 주의해야 한다. 특히 자연계에 존재하지 않는 금속음은 금물이다. 따라서 짤랑거리는 소리가 나지 않도록 도그택 사일런서(dog tag silencer)를 인식표에 부착하고, 무심코 동전이나 탄약 등 금속 제품을 아무렇게나 주머니에 넣고 만지면서 소리를 내지 않도록 조심해야 한다.

탄창이 탈착식인 저격총이나 사냥총도 있지만, 고정식 탄창이라면 특히 주의한다. 예를 들어 20발이 든 상자에서 5발을 총에 넣으면 탄약이 15발 남는다. 이 탄약을 낱개로 주머니나 파우치에 넣고 다니면 짤랑거리는 소리가 난다.

이럴 때는 7.62mm급의 탄약이면 M14 소총용 클립으로 묶어서 담뱃갑에 넣는 방법도 있다. 또는 탄약을 1발씩 고정하는 전용 파우치가 시판되고 있으니 이를 이용한다. 시판용 소총 탄약 케이스에는 대개 발포 스티로폼으로 된 '탄약 꽂이'가 들어 있는데, 바닥 쪽에 탄약을 꽂는다. 다소 부피가 크지만, 이를 이용하는 것도 방법이다.

전장이나 사냥터에서는 흡연이 금물이다. 담배를 태우면 냄새가 몸에 배고 그 냄새는 수십 미터나 떨어진 곳까지 바람에 날려 전파된다. 야생 동물은 수백 미터 떨어져 있어도 눈치챌 수 있고, 적이 개를 데리고 순찰하고 있을 가능성도 있다. 강한 냄새의 음식을 섭취하는 것도 피해야 한다. 목욕

해서 체취를 없애는 것은 좋지만 향료가 포함된 비누나 냄새가 강한 화장품도 사용하지 않도록 주의해야 한다.

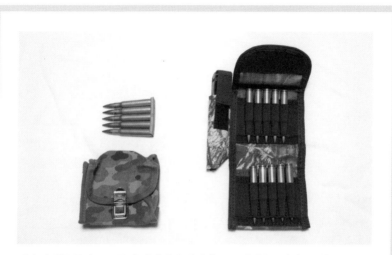

탄약 낱개를 클립으로 묶어 담뱃갑에 넣거나(왼쪽) 탄약을 1발씩 고정할 수 있는 지갑형 접이식 파우치(오른쪽)를 사용한다.

64식 7.62mm 소총 탄창 파우치는 308보다 긴 30-06급 탄약도 들어간다. 참고로 큰 매그넘 탄약에는 교범 가방 같은 적당한 파우치를 사용한다.

8-06 감시와 발견의 기술
아무 생각 없이 전방을 바라봐서는 안 된다

전방을 감시할 때는 그저 멍하니 보고 있으면 안 된다. 감시해야 할 영역을 세세하게 구분해서 주시해야 한다. 이때 시선은 이동하지 말고 멈춰서, 각각의 점을 차례차례로 주시한다.

주변이 어두울 때는 주변시(周邊視)가 중요하다. 사람 눈은 시야 중심에서 조금 벗어난 곳에 빛을 느끼는 세포가 많다. 이 때문에 어두울 때는 보려고 하는 점을 시야 중심에 두지 말고, 그 주위를 살피듯이 시선을 움직이는 편이 적을 발견하기 쉽다.

전진할 때도 마찬가지로 그냥 멍하니 앞을 보면서 걷지 말아야 한다. 주변을 충분히 경계할 수 있는 경로를 파악하고, 최대한 짧은 거리로 이동하는 게 좋다. 예를 들어 '저기까지 전진하겠다.'라고 결정하면 먼저 경로를 잘 관찰해서 이동하고, 다시 다음 지점까지의 경로를 잘 관찰해서 이동한다. 이동할 때는 이 행동을 반복하면서 전진하는 것이다. 전방뿐만 아니라 측면과 후방도 주의해야 한다.

'저 너머에 적병이 있다면 자신이 어떻게 보일까?' 여러 방향에서 적이 보고 있다는 상황을 상상하면서 눈에 띄지 않는 경로를 선택해야 한다.

산길을 걸을 때 능선은 걷기에 좋지만, 발각되기 쉬운 곳이다. 그래서 자신의 신장보다는 낮은 능선 아래를 걷는 게 좋고, 가끔은 경계 및 감시를 위해 능선 너머를 살피도록 한다. 당연히 능선의 높은 곳에서 얼굴을 내밀면 눈에 띄기 때문에 낮은 곳에서 얼굴을 내밀어 주위를 경계한다.

전방을 감시할 때는 멍하니 보고 있으면 안 된다. 감시할 지역을 세분해 각 지점으로 나누고, 지점을 차례차례 옮기며 감시한다.

고개를 내밀어 살필 때는 위장을 했어도 높은 곳은 피하고 반드시 낮은 곳을 선택한다.

8-07 거리 측정 기술
거리 판단은 오차 10% 이내

표적까지의 거리를 400m로 판단하고 사격했는데 500m였다면 어떨까? 308 윈체스터(7.62×51) 150그레인 탄을 사용했다면 탄착점은 약 75cm 아래로 떨어진다. 반면 500m를 450m로 판단하고 쏘면 40cm 정도에 그친다. 거리 판단 오차는 10% 이내가 되도록 훈련해야 한다.

지금은 쌍안경형 레이저 거리계가 정확하게 표적까지의 거리를 측정해 준다. 하지만 레이저 경보기로 발각될 수 있는 시대이기 때문에 항상 레이저 거리계를 사용할 수 있다는 보장은 없다. 따라서 옛날 방식으로 거리를 측정하는 방법도 훈련해 두는 게 좋다.

육안 거리 측정은 500m 이내라면 100m 단위법이라고 해서 머릿속에 100m 눈금의 자를 떠올리고, 그것을 풍경에 맞춰 거리를 측정한다. 직감적으로 500m보다 멀다고 생각되면 표적까지의 거리를 2등분한 지점까지의 거리를 100m 단위법으로 짐작하고, 이를 2배로 측정하면 된다.

거리가 1,000m 이상이면 사물의 겉모습을 보고 가늠한다. 이 감각을 기르기 위해서는 평소에 다양한 거리의 사물을 보고 레이저 거리계로 측정하면서 가늠해 보는 훈련을 하면 좋다.

참고로 주택처럼 똑바른 모양의 사물은 초목 덤불처럼 불규칙한 모양의 사물보다 가깝다고 판단하기 쉽다. 또한 일부분만 보이는 사물은 실제보다 가깝게 느껴진다. 지형이 복잡하면 실제보다 멀게 느껴지고, 평원 너머나 연못 등 수면 너머의 표적은 실제보다 가깝다고 착각하기 쉽다.

미국 부쉬넬 레이저 거리 측정기. '라이트 스피드' 시리즈가 유명하다. 사진은 900m 이상까지 잴 수 있는 제품이다. (부쉬넬 : https://www.bushnell.com/)

100m 단위법을 활용한 거리 측정. 머릿속에 100m 눈금자를 상상하고 실제 풍경에 맞춘다.

8-08 바람을 읽는 기술

바람을 읽지 못하면 300m 거리도 명중시키지 못한다

300m라는 사거리는 저격병이 아닌 보통 병사가 스코프 없이 일반 소총으로 명중시킬 수 있는 거리다. 물론 옆바람이 강하다면 바람의 영향을 계산해서 쏴야 명중된다.

풍속이 8m/s면 7.62mm의 150그레인 탄은 약 40cm 옆으로 흐른다. 거리가 600m이고 풍속이 4m/s면 1m 옆으로 흐르고, 1,000m에 2m/s의 바람이면 1.8m나 옆으로 흐른다.

사격할 때는 지금 부는 바람의 초속을 알 필요가 있다. 물론 오늘날에는 휴대용 디지털 풍속계가 있지만 여기서는 옛날 방식 그대로 초목이 나부끼는 모습이나 연기 흐름 등으로 풍속을 판단하는 방법을 알아보겠다.

비행장, 고속도로, 사격장에 있는 풍향기는 풍속 0.5m/s 이하에는 아래로 늘어져 있고 3m/s에는 20° 남짓, 5m/s에는 약 45°, 7m/s에는 약 50°, 10m/s에는 거의 수평이 된다. 그 이상이면 거칠게 펄럭인다.

또한 티슈를 1.5m 높이에서 떨어뜨려 땅에 도달할 때까지 1m 흐르면 풍속 1m/s, 2m 흐르면 풍속 2m/s이다. 풀잎을 떨어뜨렸을 때는 풍속 1m/s에는 50cm 정도 흐르고, 풍속 2m/s면 1m 정도 흐른다.

앞서 말한 바와 같이 저격병이나 사냥꾼이 현장에서 흡연하는 것은 금물이지만, 참고로 굴뚝 연기가 곧게 피어오르는 0.4m의 바람에서도 담배(또는 선향) 연기는 나부낀다. 굴뚝 연기가 풍향을 알 수 있을 정도로 나부끼는 0.5~1m 정도의 바람이면 담배 연기는 수평으로 흐른다.

바람의 세기와 실제 영향

풍력	m/s	kt(노트)	mi/h	환경 상태
0	0~0.2	1 이하	1 이하	연기가 똑바로 올라간다.
1	0.3~1.5	1~3	1~3	연기가 나부끼므로 바람 방향을 알 수 있다.
2	1.6~3.3	4~6	4~7	얼굴에 바람이 느껴지고 나뭇잎이 움직인다.
3	3.4~5.4	7~10	8~12	나뭇잎이나 잔가지가 끊임없이 움직인다. 깃발이 가볍게 펄럭인다.
4	5.5~7.9	11~16	13~18	모래 먼지가 일고 종잇조각이 날아오르며 잔가지가 움직인다.
5	8.0~10.7	17~21	19~24	잎이 있는 관목은 흔들린다. 연못이나 늪 수면에 파도가 인다.
6	10.8~13.8	22~27	25~31	큰 가지가 움직인다. 전선이 울린다. 우산은 쓰기 어렵다.
7	13.9~17.1	28~33	32~38	수목 전체가 흔들린다. 바람 방향으로 걷기 힘들다.

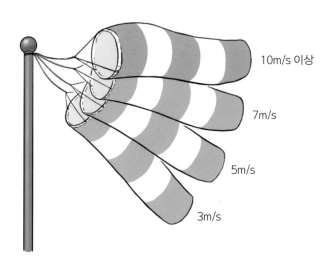

10m/s 이상

7m/s

5m/s

3m/s

풍속의 수치는 자료에 따라 다소 다른데 풍향기의 구조 차이일 수 있다.

8-09 내비게이션
GPS는 만능이 아니다

군사 작전뿐만 아니라 사냥을 할 때도 모르는 곳에 가서 목적을 달성하려면 지도가 필수다. 여러분이 선진국 군대의 저격병이라면 임무에 앞서 지도를 받았겠지만, 애니메이션 〈고르고 13〉의 듀크 토고와 같은 처지라면 스스로 지도를 구해야 한다. 물론 편의점에서 파는 운전자용 지도가 아니라 일본을 예로 들면 국토지리원이 발행하는 5만분의 1, 2만 5천분의 1과 같은 지형도가 필요하다. 일본 국내 지형도라면 대도시의 큰 서점에서 살수 있고 일본 지도 센터(http://www.jmc.or.jp/)의 인터넷 쇼핑몰에서도 구할 수 있다. (한국도 사정은 비슷해서 대형 서점이나 인터넷 쇼핑몰에서 쉽게 지도를 구매할 수 있다. - 편집자주)

맵 하우스처럼 외국 지도를 취급하는 전문 서비스도 있다. 그러나 애초에 제대로 된 지도가 없는 지역도 있다. 이럴 때는 '구글 맵'의 위성 사진을 기초로 스스로 작전 지도를 만들어야 한다.

지금은 GPS 기술의 발전으로 내비게이션이 보급돼 아주 편해졌다. 휴대전화나 스마트폰에도 GPS 기능이 있다. 하지만 이런 GPS 정보는 위성으로부터 직접 전파를 수신하는 것이 아니라 지상 기지국에서 보내는 신호라서 다소 주의가 필요하다. 즉 전파 범위에서 벗어나면 사용할 수 없다는 것이다. 위성으로부터 직접 전파를 포착해서 위치를 표시하는 내비게이션도 해외에서는 일반적으로 지도가 표시되지 않는다. (최근에는 전 세계의 지도가 표시되는 내비게이션도 있지만, 지도가 상세하지 못하다.)

참고로 GPS가 표시하는 위도와 경도를 보고 종이 지도와 대조해 자신의 위치를 확인하는 방법을 알고 있으면, 세계의 어떤 곳에서도 길을 찾을 수 있다.

❶ 일본의 5만분의 1 지형도

❷ 독일의 5만분의 1 지형도

❸ GPS 수신기

❹ GPS 기능이 있는 카메라. 전 세계 지도가 들어 있지만 그다지 정밀하지는 않다.

❺ GPS 로거. 디지털카메라에 촬영 장소의 GPS 정보를 전송하기 위한 것. 지도는 표시되지 않으나 좌표는 표시되므로 소형 GPS 수신기로 이용할 수 있다.

❻ 나침반

지도를 표시하는 GPS가 있어도 지형도만큼 정밀하지 않다. 아무래도 작전 지역에서는 지형도가 필요하다. GPS가 나타내는 위도 및 경도의 수치를 보고 '자신의 지도상 위치'를 알 수 있어야 한다.

8-10 눈 쌓인 지역에서 실행하는 작전
산악 스키를 신고 야외 활동을 하다

겨울, 특히 눈이 내리는 지역에서 실행하는 작전은 매우 힘들다. 저격병은 일단 적에게 발견되지 않아야 하는데 눈밭에서 눈에 띄지 않기란 여간 어려운 일이 아니다.

사진처럼 흰색 후드 재킷으로 몸을 감싸고 총에도 흰색 테이프를 붙이거나 흰색 자루에 넣어 설경에서 튀지 않도록 한다. 하지만 배경을 이루는 숲은 갈색이기 때문에 숲속이나 근처를 걸을 때는 흰옷이 오히려 눈에 더 띈다. 그래서 흰색 바지와 갈색 계열의 위장색이 들어간 상의를 입는 등 주변 경치에 따라 변화를 줘야 한다. 물론 스스로 자신의 모습을 볼 수 없으므로 전우에게 자신이 어떻게 보이는지 알려달라고 하는 것도 중요하다.

눈 쌓인 곳에서 실시하는 작전은 산악 스키가 필수품이다. 걷는 것과는 기동력이 많이 다르다. 만약 적이 스키를 신었는데, 자신은 스키가 없다면 발각되자마자 잡힐 게 뻔하다. 반대로 적에게 스키가 없고 자신은 스키를 신었다면 압도적으로 유리하다.

한편 눈밭을 이동하면 발자국은 물론이고 스키의 흔적도 쉽게 발견되기 때문에 은밀하게 움직이기 쉽지 않다. 작은 썰매에 식료품을 비롯해 여러 짐을 싣고 끌고 다니면 메는 것보다 편하고, 그나마 썰매의 흔적이 발자국이나 스키 자국보다 눈에 덜 띈다. 또한 바람이 불거나 눈이 내리면 썰매의 이동 흔적은 쉽게 사라진다.

눈이 오거나 쌓인 곳에서는 총강에 눈이 들어가지 않도록 총구를 테이프로 막아야 한다. 참고로 총신 안에 이물질이 가득 차 있는데 발포하면 총이 파열되지만, 테이프를 붙인 채 쏘는 것은 전혀 문제가 없다.

흰색 후드 재킷을 입고 총에도 흰색 테이프를 붙인다. 또 총강에 눈이 들어가지 않도록 총구를 테이프로 막는다. 테이프로 막은 채 사격해도 명중하며, 총에도 문제없다.

산악 스키는 설중 작전의 필수품이다.

사냥꾼도 위장이 필요할까?

새는 색을 구분하지만 사슴, 멧돼지, 곰 같은 동물은 그렇지 않다. 동물 대부분이 색 구분보다는 밤눈이 밝은 쪽을 중시하기 때문인 듯하다. 반면에 사람의 눈은 색을 구분할 수 있도록 진화했지만, 어두우면 잘 보이지 않는다.

색을 모르는 동물을 상대로 위장복을 입거나 위장하는 것은 의미가 없어 보인다. 다만 색이 아니라 위장 무늬로 사람인지 알기 어렵게 하는 것은 의미가 있다. 이런 이유로 사람에게는 눈에 띄고 동물에게는 위장 효과가 있는 붉은색 위장 무늬 수렵복을 입기도 한다.

그런데 동물들이 눈치채지 못하게 하려면 움직이지 않는 것이 더 중요하다. 큰 나무나 바위를 등진 채 꼼짝하지 않으면 동물들은 의외로 사람을 인지하지 못하고 가까이 다가온다.

붉은색 위장 무늬 수렵복은 다른 사냥꾼의 오인 사격을 방지하고 동물들에게는 위장 효과가 있다.

탄약의 종류 알기

저격에는 다양한 탄약이 이용된다. 여기서는 대표적인 탄약의 특징을 살펴보고 그 모양과 크기, 거리에 따른 탄속 변화, 거리별 제로인에 따른 탄도 변화 등을 알아본다.

22 림 파이어
올림픽부터 플링킹까지

탄약에는 림 파이어 방식과 센터 파이어 방식이 있는데 오늘날에는 22구경(5.6mm)처럼 극히 작은 탄약만 림 파이어 방식을 적용해 제작한다. 작아서 가격이 싸고, 소리도 작아서 부담 없이 쏠 수 있다. 이 덕분에 올림픽의 50m 소총 경기 및 권총 경기를 비롯해 플링킹(plinking)이라고 해서 빈 깡통이나 수박 등을 놓고 맞히는 사격 놀이에도 사용된다. 이런저런 이유로 세계에서 가장 많이 생산되고 소비되는 탄약이다. 물론 사람의 머리나 심장에 맞으면 목숨을 앗아갈 만큼의 위력이 있어서 실제로 미국에서는 9mm나 45가 아니라 22 림 파이어로 목숨을 잃는 경우가 가장 많다고 한다. 그만큼 널리 보급이 됐다는 의미다.

　22 림 파이어의 대부분은 22 롱 라이플이다. 이름은 롱 라이플이지만 소형 탄약으로 권총에도 사용한다. 22 쇼트라는 것도 있는데 이는 표적 다섯을 빠르게 쏘는 래피드 파이어 피스톨(rapid fire pistol)이라는 올림픽 사격 경기 전용으로 사용되고 있다. 롱 라이플과 쇼트 사이에 22 롱이 있었지만, 어중간해서인지 최근에는 볼 수 없다. 롱 라이플보다 강력한 것으로 22 윈체스터 매그넘 림 파이어가 있으며 여우 정도의 동물을 100m 이내의 거리에서 쏘기에 적합하다.

　22 림 파이어는 그 밖에도 몇 가지 종류가 더 생산된 적이 있지만 별로 보급되지 못하고 사라졌다. 참고로 최근에는 17 호나디 매그넘 림 파이어(17 HMR)가 출현했다.

22 쇼트

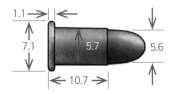

22 롱 라이플

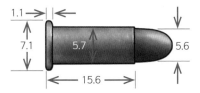

22 윈체스터 매그넘 림 파이어

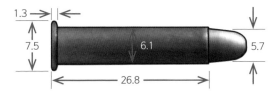

17 호나디 매그넘 림 파이어

단위 : mm

거리(야드)별 탄속(m/s)

	초속	50야드	100야드	150야드
22 롱 라이플	363	325	300	281
22 윈체스터 매그넘 림 파이어	463	408	363	329
17 호나디 매그넘 림 파이어	766	665	571	487

50야드에서 제로인했을 때의 거리(야드)별 낙하량(cm)

	50야드	100야드	150야드
22 롱 라이플	0	−15.2	−53.1
22 윈체스터 매그넘 림 파이어	0	−5.3	−32.2
17 호나디 매그넘 림 파이어	0	−0.8	−7.9

9-02 바민트용 소구경

222 레밍턴, 6mm PPC 등

M16 라이플에 사용되는 223 레밍턴(5.56×45)과 구경은 동일해도 탄피가 한 단계 작은 222 레밍턴, 여기에 탄피를 조금 키운 222 레밍턴 매그넘이라는 탄약이 있다. 223 레밍턴과 222 레밍턴 매그넘은 이름에서 숫자가 다르지만 실은 구경이 같다. 222 레밍턴 매그넘은 223보다 탄피가 약 2mm 길지만, 성능은 같다.

여담이지만 M16 소총을 개발할 당시 222 레밍턴 매그넘을 그대로 사용해도 됐지만 그러면 개발자 월급을 줄 수 없다는 이유로 필요도 없는데 223을 만들었다고 한다. 그런데 의외로 223 레밍턴이 많이 보급되고 점유율이 점점 커져 222 레밍턴 매그넘은 설 자리를 잃은 실정이다. AK47의 7.62×39를 조금 수정해 구경을 5.56mm로 만든 22 PPC라는 탄약도 있다. 따로 러시아 군용으로 개발된 것은 아니고 순수 경기용이다.

이들 탄약은 20세기 후반 경기용이나 바민트용으로 자주 사용됐지만 아무래도 바람에 약해서 20세기 말부터 21세기 초까지 6mm가 주류였다. 여기에는 222 레밍턴 매그넘을 6mm로 만든 6×47, 223 레밍턴을 6mm로 만든 6×45 등이 있다. 가장 유명한 것은 6mm PPC로 7.62×39의 탄피를 구경 6mm로 만든 탄약이다. 최근에는 308(7.62×51)의 탄피를 39mm로 짧게 만들어 6mm로 좁힌 6mm BR이 호평이다. 6mm는 300m 거리 이내의 경기에서 매우 좋은 성적을 내고 있다. 308의 탄피를 구경만 6mm로 만든 243 윈체스터도 바민트용으로 보급되고 있다.

222 레밍턴
43.18
9.60
9.07 6.43

222 레밍턴 매그넘
46.99
9.60
8.99 6.43

223 레밍턴
44.70
9.60
8.99 6.43

6mm PPC
38.18
11.30
10.92 6.63

243 윈체스터
51.94
12.01
11.53 7.01

단위 : mm

거리(야드)별 탄속(m/s)

	탄환 중량	화약량	초속	100 야드	200 야드	300 야드	400 야드	500 야드
222 레밍턴	3.24	1.62	951	831	721	620	527	445
223 레밍턴	3.56	1.68	982	865	757	658	566	481
6mm PPC	5.83	1.81	909	821	739	661	558	521
243 윈체스터	5.83	2.80	945	870	798	731	666	605

※ 탄환 중량의 단위는 g

300야드에서 제로인했을 때의 상승량과 낙하량(cm)

	100야드	200야드	300야드	400야드	500야드
222 레밍턴	13	16	0	-48	-145
223 레밍턴	9	12	0	-30	-87
6mm PPC	10	13	0	-31	-86
243 윈체스터	9	11	0	-26	-71

9-03 6.5~7mm급
사슴 사냥이나 대인 중거리 저격에 적합하다

소총 탄약은 잘 알려지지 않은 것을 포함하면 셀 수 없을 정도로 종류가 많으며, 이들을 망라하다 보면 전화번호부 두께의 책이 된다. 그래서 이 책에서는 널리 보급되고 주목할 만한 탄약을 주로 소개하고자 한다.

6.5mm급으로는 일본의 38식 보병총에 사용된 6.5mm 아리사카와 이탈리아의 카르카노 등이 있다. 좋은 탄약이지만 오늘날에는 생산되지 않는다. 그래서 널리 보급된 308 윈체스터(7.62mm)의 탄피를 이용해서 구경을 6.5mm로 리메이크한 260 레밍턴이 생산되고 있다.

260 레밍턴은 7.62mm보다 반동이 가볍지만 1,000m 이내의 거리라면 평평한 탄도를 이룬다. 초속은 308 윈체스터보다 다소 느리게 발사되지만 공기저항이 적은 탄환 형태라서 800m 지점에서는 속도를 비롯한 운동에너지가 308 윈체스터를 약간 웃돈다. 말하자면 6.5mm 아리사카를 보는 듯하다. 이외에 비슷한 308 윈체스터의 탄피를 구경 7mm로 좁힌 7mm 08도 있는데 그렇게 널리 보급되지는 않았다.

6.5mm는 사슴 사냥에 적합하지만 곰 사냥은 불안하다. 그래서 사슴 사냥을 갔다가 곰을 만나도 안심할 수 있을 정도의 위력과 1,000m 내외 거리에도 적합한 탄약으로 270 윈체스터가 있다. 30-06의 탄피를 구경만 0.27인치(6.9mm)로 좁힌 것이다. 반동도 가볍고 발사 시점부터 30-06을 웃도는 속도와 에너지를 자랑하며, 800m 지점에서는 30-06보다 10% 정도 더 큰 에너지를 보여준다.

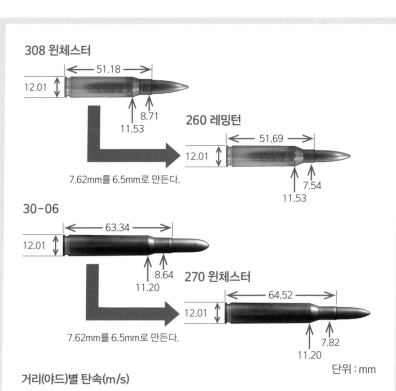

308 윈체스터

51.18
12.01
8.71
11.53

260 레밍턴

7.62mm를 6.5mm로 만든다.

51.69
12.01
7.54
11.53

30-06

63.34
12.01
8.64
11.20

270 윈체스터

7.62mm를 6.5mm로 만든다.

64.52
12.01
7.82
11.20

단위 : mm

거리(야드)별 탄속(m/s)

	초속	100 야드	200 야드	300 야드	400 야드	500 야드	600 야드	800 야드
308 윈체스터	855	767	685	608	537	472	415	332
260 레밍턴	833	773	716	662	610	560	513	415
30-06	812	793	709	631	558	491	432	342
270 윈체스터	896	833	772	713	658	604	554	462

300야드에서 제로인했을 때의 상승량과 낙하량(cm)

	100야드	200야드	300야드	400야드	500야드	600야드	800야드
308 윈체스터	12	15	0	-37	-102	-204	-563
260 레밍턴	12	14	0	-32	-86	-167	-425
30-06	11	14	0	-34	-95	-189	-522
270 윈체스터	10	12	0	-28	-75	-142	-365

※ 308 윈체스터와 30-06 탄환은 모두 150그레인(9.72g)

※ 260 레밍턴과 270 윈체스터 탄환은 모두 140그레인(9.1g)

9-04 7mm 매그넘

270으로는 화약이 부족하다?

7mm를 인치로 바꾸면 0.28인치다. '7mm ○○○ 또는 280 ○○○'이라고 칭하는 7mm 탄약은 종류가 많지만, 270 윈체스터의 압도적인 보급량에 다른 탄약은 거의 눈에 띄지 않는다는 느낌이다. 그런데 '7mm 탄약으로 더 빠른 속도'를 얻고자 한 단계 더 큰 탄피를 사용한 7mm 웨더비 매그넘이 만들어졌다. 270 윈체스터의 탄피에 들어가는 화약량은 3.5g 정도가 한계인데 7mm 웨더비 매그넘이면 4.8g 정도 들어간다. 이렇게 화약량을 늘리면 160그레인 탄환을 900m/s로 발사할 수 있다.

하지만 웨더비 탄약은 웨더비사의 소총 전용이라서 레밍턴사도 7mm 레밍턴 매그넘을 만들었다. 언뜻 보기에 같은 탄피로 보일 정도로 유사한 모양새와 성능이지만, '고급총'으로 평가받는 7mm 웨더비 매그넘과 같은 성능의 탄약을 합리적인 가격의 레밍턴 총으로 쏠 수 있게 된 것이다.

이들 20세기 매그넘 소총 탄약 대부분은 벨티드(belted)형이지만 이는 무의미한 디자인으로, 21세기에 들어서 7mm 레밍턴 울트라 매그넘과 7mm 레밍턴 쇼트 액션 울트라 매그넘, 7mm 윈체스터 쇼트 매그넘 등 새로운 탄약이 생산되면서 과거로 사라질 처지에 있다. 7mm 레밍턴 쇼트 액션 울트라 매그넘은 과거 7mm 레밍턴 매그넘과 같은 성능을 굵고 짧은 탄피로 구현했는데 탄도성도 똑같다. 그리고 같은 양의 화약을 사용하는 경우, 굵고 짧은 탄피를 사용하는 편이 화약 연소가 일정하고 명중 정밀도도 높은 듯하다.

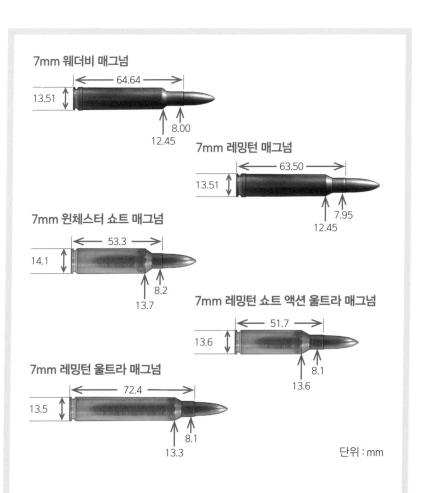

7mm 웨더비 매그넘

64.64
13.51
8.00
12.45

7mm 레밍턴 매그넘

63.50
13.51
7.95
12.45

7mm 윈체스터 쇼트 매그넘

53.3
14.1
8.2
13.7

7mm 레밍턴 쇼트 액션 울트라 매그넘

51.7
13.6
8.1
13.6

7mm 레밍턴 울트라 매그넘

72.4
13.5
8.1
13.3

단위 : mm

거리(야드)별 탄속(m/s)

	초속	100 야드	200 야드	300 야드	400 야드	500 야드
7mm 웨더비 매그넘	939	883	828	776	726	708
7mm 레밍턴 매그넘	894	834	777	722	669	618
7mm 윈체스터 쇼트 매그넘	909	854	800	749	700	652
7mm 레밍턴 울트라 매그넘	970	906	846	788	732	679

※ 탄환 중량은 모두 160그레인(10.37g)

※ 7mm 레밍턴 매그넘과 7mm 레밍턴 쇼트 액션 울트라 매그넘의 탄도 수치 데
이터는 같다.

9-05 30구경급 보병총 탄약
중거리 저격 탄약 또는 사냥용

제2차 세계대전 때까지 세계 각국은 서로 다른 규격의 소총용 탄약을 사용했다. 미국은 30-06, 일본은 6.5mm 아리사카(후에 7.7mm 아리사카), 영국은 303 브리티시, 이탈리아는 6.5mm 카르카노, 독일은 8mm 마우저, 러시아는 7.62mm 모신나강(7.62mm×54R) 등이다.

제2차 세계대전 이후 냉전 시대에 자본주의 국가는 미국 규격을 따랐고 공산주의 국가는 러시아 규격에 따라 통일하면서 군용 소총탄의 종류가 상당히 줄어들었다.(반대로 사냥용이나 경기용 탄약의 종류는 급증) 지금까지도 군용으로 사용되는 것은 러시아의 7.62mm 모신나강 정도다.

미국의 30-06은 한국전쟁 때까지 사용됐지만 그 후 NATO 공통 탄약으로 308 윈체스터가 채용됐다. 이것은 30-06의 탄피를 12mm 정도 짧게 만든 탄약이며 화약을 개량해서 같은 위력을 지니게 했다.

미국에서는 군용 탄약의 규격이 그대로 사냥용 탄약에 이용되기도 한다. 이는 미국에 핸드 로드 인구가 매우 많기 때문이다. 미군에서 사용된 후에 구리 고철로 팔리는 빈 탄피를 핸드 로드에 이용하면 경제적이다. 그래서 30-06이나 308 윈체스터를 사용하는 사냥총이 많이 만들어졌고, 그 결과 사냥용 탄약으로 전 세계에 보급됐다.

흔히 30-06과 308 윈체스터는 위력이 같다고 하는데, 실은 '군용 탄약의 사양이 같다는 의미'이며 30-06의 탄피가 더 긴 만큼 화약을 많이 넣을 수 있어 당연히 30-06이 더 강하다.

30-06(미국)

6.5mm 아리사카(일본)

303 브리티시(영국)

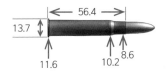

7.7mm 아리사카(일본)

6.5mm 카르카노(이탈리아)

8mm 마우저(독일)

7.62mm 모신나강(러시아)

308 윈체스터(NATO)

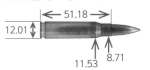

단위 : mm

탄환 중량, 화약량, 초속의 차이

	탄환 중량	화약량	초속
30-06	9.72	3.24	853
6.5mm 아리사카	9.01	2.14	762
7.7mm 아리사카	11.79	2.79	730
303 브리티시	11.28	2.43	745
6.5mm 카르카노	10.50	2.27	700
8mm 마우저	12.83	3.05	780
7.62mm 모신나강	9.59	3.24	810
308 윈체스터	9.72	3.11	838

※ 탄환 중량과 화약량의 단위는 g, 초속의 단위는 m/s

9-06 7.62mm 소형 탄약

30 카빈, 30-30 등

근거리에서 멧돼지 정도의 동물을 쏜다면 '30-06이나 308 윈체스터 등은 위력이 너무 강하다'고 평가한다. 그래서 구경은 7.62mm이지만 30-06이나 308의 절반 정도의 화약으로 만든 30-30이 사냥용 탄약으로 유명하다. 레버 액션 소총 전용이며, 자동총이나 볼트 액션에는 사용하지 않는다.

몇몇 탄약 제조사는 화약량 2~2.2g, 탄환 중량 125그레인, 150그레인, 170그레인, 소프트 포인트와 할로 포인트 등 다양한 탄환을 660~770m/s에 발사하는 탄약을 여러 종 판매하고 있다.

제2차 세계대전 초기 등장한 30 M1 카빈은 권총탄으로 착각할 정도로 작은데 0.94g의 화약을 이용해 7.13g의 탄환을 600m/s로 발사한다. 사냥용으로는 할로 포인트나 소프트 포인트도 사용하지만, 그다지 제조에 어려움이 없는 탄약이라서 그런지 제조사가 달라도 극히 미미한 차이밖에 나지 않는다.

총구 부근에서의 운동에너지는 130kgf · m 정도이므로 방심한 늑대 정도는 쓰러뜨릴 수 있는 위력이지만, 개에게 쫓겨 흥분한 멧돼지를 쏘기에는 다소 위력이 부족하다는 평가를 받고 있다.

AK47 탄환인 7.62mm×39는 7.91g의 탄환을 1.62g의 화약을 사용해 712m/s로 발사한다. 미국의 루거사가 이 탄약을 사용하는 사냥용 소총인 루거 미니-30을 판매하면서 사냥용으로 쓰이고 있다. 200kgf · m 정도의 에너지이므로 멧돼지 사냥에 매우 적합한 탄약이다.

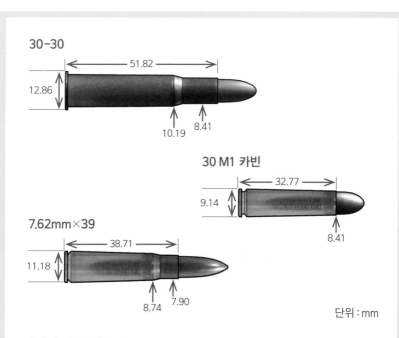

30-30

51.82

12.86

10.19 8.41

30 M1 카빈

32.77

9.14

8.41

7.62mm×39

38.71

11.18

8.74 7.90

단위 : mm

거리(야드)별 탄속(m/s)

	탄환 중량	화약량	초속	100 야드	200 야드	300 야드	400 야드	500 야드
	8.10	2.40	779	631	502	397	327	288
30-30	9.72	2.14	672	646	439	357	308	278
	11.01	2.07	666	574	491	418	361	321
30 M1 카빈	7.13	0.94	603	474	373	313	278	254
7.62mm×39	7.91	1.62	712	623	527	466	403	353

※ 탄환 중량의 단위는 g

200야드에서 제로인했을 때의 상승량과 낙하량(cm)

		100 야드	200 야드	300 야드	400 야드	500 야드
30-30	8.10g 탄	8	0	-41	-135	-303
	9.72g 탄	12	0	-55	-127	-376
	11.01g 탄	10	0	-44	-136	-289
30 M1 카빈		16	0	-75	-331	-493
7.62mm×39		9	0	-37	-111	-235

9-07 300 매그넘 시리즈
무리 없이 쏠 수 있는 한계

구경 0.30인치(7.62mm)인 30-06이나 308 윈체스터는 원래 군용 탄약이지만 세계에서 가장 널리 보급된 사냥용 탄약이 됐다. 사슴이라면 수백 미터 떨어진 거리에서도 충분히 사냥할 만큼 위력적이며, 가까운 거리에 있는 곰을 사냥하는 데도 최소한의 위력을 지니고 있다.

하지만 애초에 곰 사냥이 목적이라면 더 강력한 탄약이 있어야 한다. 다만 반동을 고려하면 그다지 구경을 키우고 싶지 않은 게 사실이다. 같은 위력이라면 아무래도 무거운 탄환을 저속으로 발사하는 것보다 가벼운 탄환을 고속으로 발사하는 것이 반동 면에서 유리하고, 고속탄이 원거리 사격에도 유리하기 때문이다. 그래서 구경은 7.62mm로 똑같지만 308 윈체스터나 30-06보다 큰 탄피를 사용하는 매그넘이 등장했다. 많은 회사가 경쟁해서 7.62mm 매그넘을 개발했기 때문에 여러 종류가 생겼다.

300 웨더비 매그넘이나 300 윈체스터 매그넘과 같은 벨티드형 탄피는 이미 구식이다. 같은 구경과 위력이라면 길쭉한 탄피보다는 굵고 짧은 탄피가 명중 정밀도가 뛰어나다는 사실을 알게 된 21세기에 이르러서는 신세대 30구경 매그넘이 등장했다. 이런 점에도 불구하고 미군이 원거리 저격용으로 300 윈체스터 매그넘을 사용하는 것은 다소 의아하지만, 아마도 쇼트 매그넘이 탄생하기 이전부터 원거리 저격용으로 300 윈체스터 매그넘이 낙점돼 있었을 가능성이 크다. 참고로 반동을 견딜 수 있는 한계점은 사람마다 다르지만 30구경 정도가 무리 없이 쏠 수 있는 한계로 본다.

300 홀란드 매그넘

308 노마 매그넘

300 윈체스터 매그넘

300 웨더비 매그넘

300 윈체스터 쇼트 매그넘

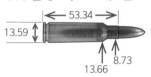

300 레밍턴 울트라 매그넘

300 레밍턴 SA 울트라 매그넘

단위 : mm

※ SA는 쇼트 액션의 약자

거리(야드)별 탄속(m/s)

	초속	100 야드	200 야드	300 야드	400 야드	500 야드
300 홀란드 매그넘	873	817	763	712	661	613
308 노마 매그넘	910	839	774	711	651	593
300 윈체스터 매그넘	897	841	786	734	685	636
300 웨더비 매그넘	939	880	824	769	718	667
300 윈체스터 쇼트 매그넘	896	839	785	732	682	633
300 레밍턴 울트라 매그넘	969	909	852	796	743	692
300 레밍턴 SA 울트라 매그넘	896	836	779	724	671	619

9-08 8mm급 매그넘
코피가 날 것 같은 반동

제2차 세계대전 당시에 독일군이 사용한 8mm 마우저는 3.05g의 화약을 이용해 200그레인(12.95g)의 탄환을 780m/s로 발사했다. 화약량은 30-06과 거의 다르지 않지만, 탄환이 무거워 상당히 강한 반동을 일으킨다. 필자에게는 8mm 마우저 정도가 무리 없이 쏠 수 있는 한계치다.

하지만 8mm 레밍턴 매그넘은 200그레인의 탄환을 4.7g의 화약을 사용해 879m/s로 발사한다. 338 윈체스터 매그넘에서 '338'은 mm로 환산하면 8.58mm이다. 340 웨더비 매그넘은 표기와는 달리 사실 338이다. 이 정도급이면 화약량은 5.8g 내외이며 탄환 무게도 215그레인, 225그레인, 250그레인 등으로 무거워진다.

특별한 이유가 없다면 군이 사용하고 싶지 않은 탄약이다. 그러나 원거리 사격 성능은 대단해서, 338 레밍턴 울트라 매그넘(250그레인 탄환)을 예로 들면 탄속이 1,000야드에서 362m/s, 운동에너지는 110kgf·m나 된다. 같은 조건인 308 윈체스터(150그레인 탄환)는 탄속 289m/s, 운동에너지 42kgf·m이므로 차이가 크다. 또한 300야드에서 제로인한 총으로 1,000야드를 쐈을 경우에 308 윈체스터는 12m나 낙하하지만, 338 레밍턴 울트라 매그넘은 8.3m다. 600야드에서 제로인했다면 308 윈체스터는 8.6m 낙하하지만, 338 레밍턴 울트라 매그넘은 5.7m 낙하에 그친다.

이런 탄약을 사용해도 '적과의 거리를 100야드만큼 오인하면 탄착점이 사람 키만큼이나 차이가 생기므로 원거리 사격에 어려움이 있다.

8mm 레밍턴 매그넘

72.39

13.51

12.37 8.99

338 윈체스터 매그넘

63.50

13.51

12.19 9.19

340 웨더비 매그넘

71.63

13.51

12.45 9.17

338 레밍턴 울트라 매그넘

70.10

13.56

13.36 0.94

단위 : mm

거리(야드)별 탄속(m/s)

	탄환 중량	초속	100 야드	200 야드	300 야드	400 야드	500 야드
8mm 레밍턴 매그넘	200그레인 (12.95g)	879	795	716	641	571	506
338 윈체스터 매그넘	215그레인 (13.93g)	806	742	695	644	594	546
340 웨더비 매그넘	250그레인 (16.20g)	891	831	774	718	666	615
338 라푸아 매그넘	250그레인 (16.20g)	894	845	798	753	709	666
338 레밍턴 울트라 매그넘	250그레인 (16.20g)	915	862	812	763	715	670

9-09 9~10mm급
근거리 맹수 사냥용

캐나다와 알래스카라면 회색곰이나 백곰, 아프리카라면 코끼리, 코뿔소, 물소 등과 같은 대형 동물을 사냥하기 위한 9~10mm급 대형 탄약에도 몇 가지 종류가 있다. 중·근거리용이며 저격용은 아니지만, 아래와 같이 탄환 중량, 초속, 운동에너지를 정리해 봤다.

대형 탄약의 탄환 중량·초속·운동에너지

	탄환 중량 (그레인)	초속(m/s)	운동에너지(kgf·m)
358 노마 매그넘[1]	250	840	583
375 홀란드 매그넘	200	884	516
	250	853	602
	300	808	647
378 웨더비 매그넘	300	892	788
416 레밍턴 매그넘	400	742	736
458 윈체스터 매그넘	300	794	625
	400	685	622
	500	670	670
470 니트로 익스프레스	500	880	711
500 니트로 익스프레스	500	660	711
460 웨더비 매그넘[2]	500	790	1,037

1 실제 구경은 0.357인치(9.1mm)
2 실제 구경은 0.450인치(11.4mm)

코끼리는 308 윈체스터를 쓰면 된다. 어깨 탈골을 걱정할 정도로 강렬한 반동의 탄약을 쓰지 않고도 쓰러뜨릴 수 있다는 말이다. 근거리까지 접근하는 배짱, 뇌를 정확히 명중시키는 실력이 있어야 하지만 말이다.

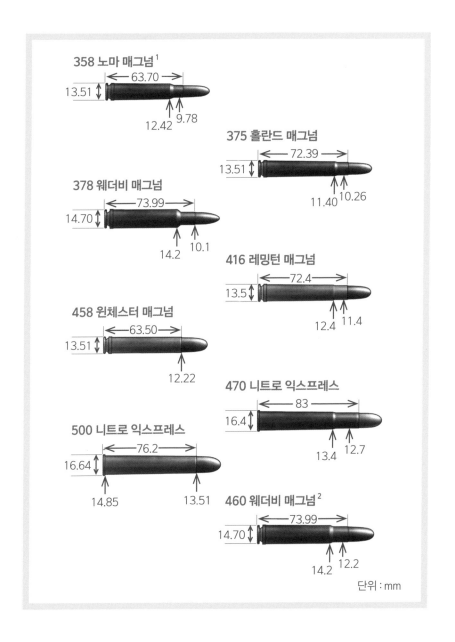

358 노마 매그넘[1]

375 홀란드 매그넘

378 웨더비 매그넘

416 레밍턴 매그넘

458 윈체스터 매그넘

470 니트로 익스프레스

500 니트로 익스프레스

460 웨더비 매그넘[2]

단위 : mm

초원거리 저격용 탄약

1,000m가 넘는 거리

7.62mm급 탄약으로 1,000m나 2,000m와 같은 거리를 조준 사격하기는 매우 어렵다. 아무래도 원거리 사격에는 커다란 탄약이 유리하다. 그래서 12.7mm 중기관총(50 BMG=50구경 브라우닝 중기관총)탄과 이에 걸맞은 저격총을 사용했다. 물론 총과 탄약이 지나치게 크고 무거울 수밖에 없어 실용성이 문제였다. 또한 50 BMG탄은 제1차 세계대전 무렵에 개발된 탄약으로 지금 시점에서는 설계 방식이 구식이다.

결국 저격을 고려해 공기저항이 적고 모양이 가늘어서 효율적인 새 탄약이 등장했는데, 바로 416 바렛, 408 샤이택*이다. 416 바렛은 50 BMG의 탄피를 토대로 치수를 줄이고 구경을 조금 가늘게 만들었으며, 13g의 화약을 사용해 26g의 탄환을 985m/s로 발사한다. 50 BMG가 15.6g의 화약을 이용해 46g의 탄환을 820m/s로 발사하는 것에 비하면 반동도 절반에 가깝다. 그렇지만 308 윈체스터의 3배가 조금 넘는 반동이니 참고하자. 한 단계 더 작은 408 샤이택은 26g의 탄환을 8g의 화약으로 발사하는데, 탄환 무게가 같아도 가느다란 형상이라 원거리에서 속도 차이가 줄어든다.

사냥용 탄약인 338 라푸아 매그넘도 이들 대구경 못지않게 평평한 탄도를 그린다. 이 정도 크기면 기존 사냥총을 토대로 한 총에도 사용할 수 있다. 현재 저격 거리 세계 기록인 2,470m는 이 탄약으로 세웠다.** 338 레밍턴 울트라 매그넘도 좋은데 등장한 지 얼마 되지 않아서인지 실전 투입 소식은 아직 듣지 못했다.

* 샤이택(Chey-Tac)은 미국인 중에도 체이택이라고 읽는 사람이 있는데 샤이택이 맞다고 한다.

** 2023년 현재, 저격 거리 기록이 경신된 상태다. 캐나다 저격수가 호나디사의 A-MAX.50 750그레인 탄환을 이용해 3,450m 떨어진 적을 저격했다.

50 BMG

416 바렛

408 샤이택

338 라푸아 매그넘

단위 : mm

거리별 탄속(m/s)

	초속	360m	720m	1,080m	1,440m	1,800m
50 BMG	820	736	659	587	520	460
416 바렛	985	883	787	698	616	540
408 샤이택	827	757	688	618	555	496
338 라푸아 매그넘	909	804	707	617	534	460

거리별 낙하량(밀)

	360m	720m	1,080m	1,440m	1,800m
50 BMG	1.76	4.98	8.79	13.28	18.62
416 바렛	1.09	3.31	5.96	9.12	12.90
408 샤이택	1.66	4.70	8.24	12.34	17.12
338 라푸아 매그넘	1.37	4.06	7.35	11.34	16.25

탄약 명칭 읽는 법

30-06이나 380 같은 탄약의 명칭은 어떻게 읽어야 할까? '이렇게 발음하는 게 맞다'라는 규칙은 없지만, 일본의 사냥꾼들 사이에서는 왜 그런지 모르겠지만 읽는 방법이 있다.

30-06은 몇 가지 읽는 방법이 있는데 '산주 레이 로쿠'(삼십 영 육) 또는 '산 마루 마루 로쿠'(삼 공 공 육)라고 읽는다. '그 총은 레이 로쿠(영 육)인가요?'라고 해도 통한다.

'0'은 대개 '마루'(공)로 발음하며 308은 '산 마루 하치'(삼 공 팔), 30-30은 '산 마루 산 마루'(삼 공 삼 공), 223은 '니 니 산'(이 이 삼), 338은 '산 산 하치'(삼 삼 팔)와 같은 식으로 숫자를 그대로 읽는다. 다만 300 윈체스터 매그넘의 300은 '산 마루 마루'(삼 공 공)라고 하지 않고 '산뱌쿠'(삼백)라고 읽는다.

그리고 좀 이상하지만 7.62×39을 일반적으로 '산 마루 산 큐'(삼 공 삼 구)라고 부른다. 7.62mm를 인치로 환산하면 30구경이기 때문인 듯한데 누가 먼저 시작했는지 의문스럽다.

사진에 보이는 7.62mm NATO 탄약은 민간용 명칭이 '308 윈체스터'이며, 이 '308'을 일본어로 말할 때는 '산 마루 하치'로 읽는다. (사진 : 미군 해병대)

참고 문헌

서적

《CARTRIDGES of the WORLD》 Frank c. Barnes, Gun Digest Books, 2009년

《GUN FACT BOOK》, 전미총기협회

《Sierra Rifle & Handgun Reloading Data》, Sierra Bulletsmiths

《SPEER Reloading Manual》, Speer Bullets

《자위대 교범 소화기탄약》, 육상모료감부

잡지

〈사냥계〉 각호, 슈로우가이샤(狩猟界社)

〈사냥의 세계〉 각호, 슈로우노세카이(狩猟の世界社)

〈월간 GUN 별책〉 1, 2, 3권, 고쿠사이슈판(国際出版)

〈월간 GUN〉 각호, 고쿠사이슈판(国際出版)

〈팬 슈팅〉 각호, 하비재팬(ホビージャパン)

〈현대 사냥〉 각호, 나니와쇼보(浪速書房)

탄속 계산 소프트웨어

「BALLISTICS CALCULATOR」 Remington Shoot Ballistics Software

※ 제공처 표기가 없는 사진은 저자 소유.

지은이 가노 요시노리

군사 무기 전문가. 가스미가우라 항공학교를 졸업했고, 지금은 군사 도서를 집필하는 전문 작가로 활동 중이다. 군 생활에서 쌓은 경험과 지식을 바탕으로 대중도 이해하기 쉬운 군사 도서를 저술한다. 주요 저서로《미사일의 과학》,《사격의 과학》,《권총의 과학》,《스나이퍼 입문》등 11종이 있다.

군 출신으로 각종 무기와 군사 지식을 온몸으로 경험했다. 이 덕분에 자신이 체험한 총기의 특징을 기술하고 비평하는 등 생동감 넘치는 정보를 풍부하게 제공한다. 밀리터리 마니아 사이에서 정확하고 실용성이 높은 정보를 짜임새 있는 구성으로 잘 보여준다는 평이다.

옮긴이 신찬

인제대학교 국어국문학과를 졸업하고, 한림대학교 국제대학원 지역연구학과에서 일본학을 전공하며 일본 가나자와 국립대학 법학연구과 대학원에서 교환 학생으로 유학했다. 일본 현지에서 한류를 비롯한 한일간의 다양한 비즈니스를 오랫동안 체험하면서 번역의 중요성과 그 매력을 깨닫게 되었다고 한다. 현재 번역 에이전시 엔터스코리아에서 출판 기획 및 일본어 전문 번역가로 활동 중이다. 옮긴 책으로는《자동차 운전 교과서》,《기상 예측 교과서》,《미사일 구조 교과서》,《비행기 엔진 교과서》,《권총의 과학》등 다수가 있다.

사격의 과학
표적을 정확하게 맞히는 사격 메커니즘 해설

1판 1쇄 펴낸 날 2023년 7월 25일

지은이 가노 요시노리
옮긴이 신찬
주간 안채원
책임편집 윤대호
외부 디자인 이가영
편집 채선희, 윤성하, 장서진
디자인 김수인, 이예은
마케팅 함정윤, 김희진

펴낸이 박윤태
펴낸곳 보누스
등록 2001년 8월 17일 제313-2002-179호
주소 서울시 마포구 동교로12안길 31 보누스 4층
전화 02-333-3114
팩스 02-3143-3254
이메일 bonus@bonusbook.co.kr

ISBN 978-89-6494-626-8 03400

• 책값은 뒤표지에 있습니다.

정확한 팩트와 수치로
총의 발전사와 메커니즘을 해설하다

가노 요시노리 지음 | 신찬 옮김

—

총의 정의와 종류, 역사, 발사 구조와 원리, 탄약, 탄도학 등에 관한 여러 지식을 모아 소개한다. '총이란 무엇인가?'라는 질문에 총체적으로 답하는 밀리터리 지식 교양서. 누구든 가장 빠르고 쉽게 총에 관한 교양을 쌓을 수 있다.

가장 작지만 강력한
소화기 메커니즘의 결정체

가노 요시노리 지음 | 신찬 옮김

—

권총의 정의, 유래, 역사 등은 물론이고 격발 구조와 오발 방지 장치, 탄피 제거 원리 같은 메커니즘 전반을 소개한다. 안전하게 권총을 다루는 방법과 사격술의 기초를 익힐 수 있도록 도와준다. 누구라도 쉽게 권총의 핵심 지식을 습득할 수 있도록 안내한다.